导读版

细菌世界历险记
灰尘的旅行

高士其 著

中国大百科全书出版社 知识出版社

图书在版编目（CIP）数据

灰尘的旅行：导读版 / 高士其著 . -- 北京 : 知识出版社，2022.1

ISBN 978-7-5215-0333-3

Ⅰ . ①灰… Ⅱ . ①高… Ⅲ . ①细菌—青少年读物 Ⅳ . ① Q939.1-49

中国版本图书馆 CIP 数据核字（2021）第 249581 号

灰尘的旅行：导读版

高士其　著

出 版 人　姜钦云
丛书策划　李默耘
图书统筹　李现刚　王云霞
责任编辑　丁　洁
责任印制　李宝丰
出版发行　知识出版社
地　　址　北京市西城区阜成门北大街 17 号
邮　　编　100037
网　　址　http://www.ecph.com.cn
电　　话　010-88390659
印　　刷　河北泓景印刷有限公司
开　　本　710 毫米 ×1000 毫米　1/16
字　　数　155 千字
印　　张　13
版　　次　2022 年 1 月第 1 版
印　　次　2024 年 3 月第 17 次印刷
书　　号　ISBN 978-7-5215-0333-3
定　　价　23.00 元

本书资料卡

作者介绍

高士其（1905—1988），中国科学文艺作家。1925年毕业于清华留美预备学校，后入美国威斯康星大学化学系。1926年转入美国芝加哥大学化学系和细菌系，1927年毕业，后入芝加哥大学医学研究院攻读医学博士课程。1928年在实验时受甲型脑炎病毒感染，留下后遗症。1930年回国，1931年在上海从事翻译和家庭教师工作。1937年到延安。1939年全身瘫痪，去香港治病。1941年太平洋战争爆发后，在流亡行旅中坚持写作。从1933年发表第一篇科学文艺作品《三个小水鬼》起，虽数十年来“被损害人类健康的魔鬼囚禁在椅子上”，他却以惊人的毅力，毕生从事科学文艺创作。主要著作有《细菌与人》（1936年）、《抗战与防疫》（1937年）、《菌儿自传》（1941年）、《揭穿小人国的秘密》（1951年）、《我们的土壤妈妈》（1951年）、《自然科学通俗化问题》（1956年）、《高士其科学小品甲集》（1958年）、《科学诗》（1959年）、《你们知道我是谁》（1978年）、《高士其科普创作选集》（1980年）等。他的作品大致分为三类：科学小品、科学诗、科普创作理论。他的科学小品富有趣味，善于把深奥的科学道理通俗易懂地表达出来，题材广泛，知识丰富，常常寄寓着深刻的思想与时代精神。

内容简介

《灰尘的旅行》分为菌儿自传、科学小品和科学趣谈三部分。作者用拟人的手法，以“菌儿”自述的方式向我们展示了显微镜下的世界，用生动风趣的语言介绍细菌的来龙去脉，告诉读者们，细菌也会在我们看不到的地方游走，同样也会生老病死。作者在轻松有趣的故事中讲解细菌的特征，以及对人类、环境等的影响，让读者既对细菌有了形象的认知，又能正确看待细菌的优缺点，掌握科学知识。

作品主题

《灰尘的旅行》一书中，作者以幽默诙谐的形式，用妙趣横生的语言将神秘莫测的细菌世界展现在我们面前，不仅可以帮助读者积累细菌学的科学知识，而且可以提醒读者培养卫生习惯，提高健康意识。在阅读的同时增强了读者的科学兴趣和科学研究意识。本书强烈地表达了浓郁的爱国情怀，《细胞的不死精神》中所写“用人工培养，细胞可以永生。集合民众力量，一致抗敌，自力更生，自力斗生，中国不亡！”这充满激情的语言，振奋着人心。

题材介绍

《灰尘的旅行》是一部经典的科普作品集，具有科学性、通俗性、趣味性、独创性、思想性、文学性等特点。作者用通俗的语言将科学知识娓娓道来，把复杂的细菌世界用最简明的语言呈现给读者。

目录

菌儿自传

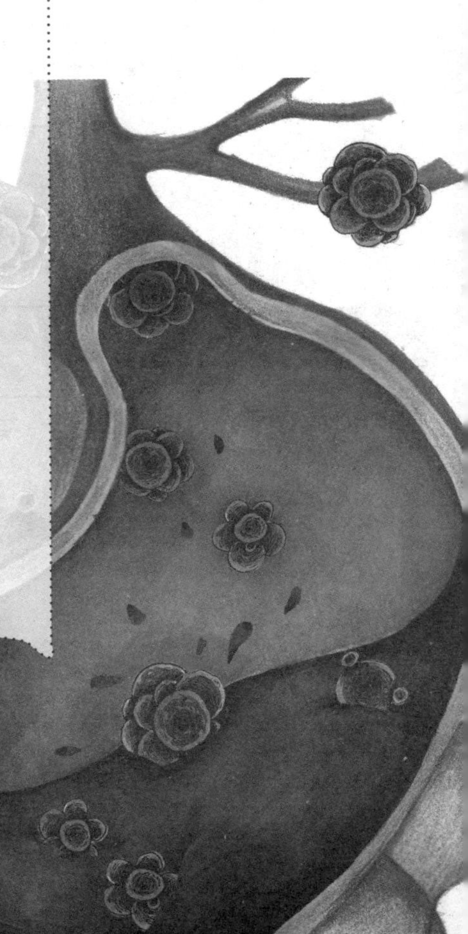

科学小品：细菌与人

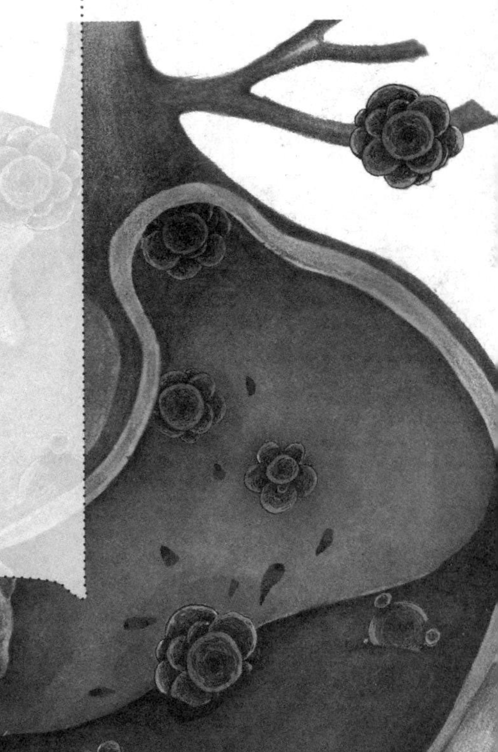

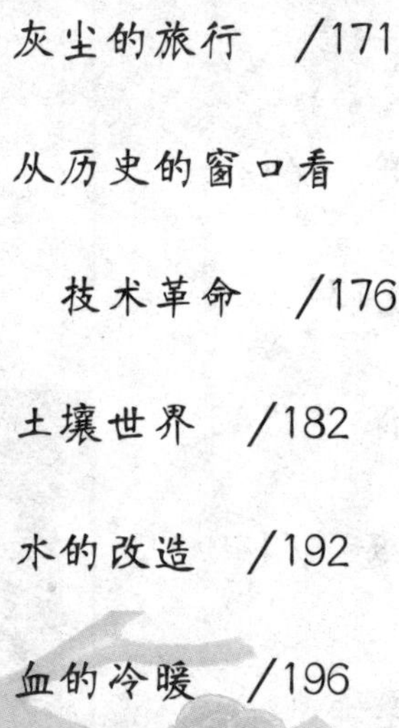

菌儿自传

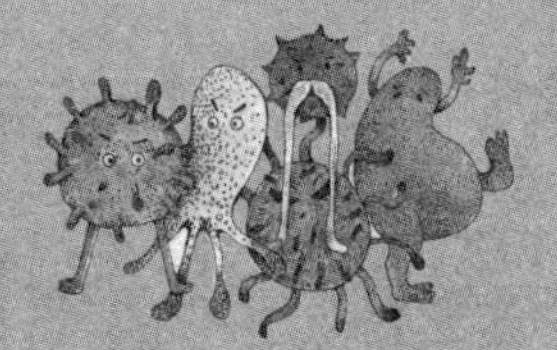

呼吸道的探险

文前小问号

“我”坐着灰尘这艘航空母舰，在天空中奔逐，到处横冲直撞。“我”进入呼吸道后，会遇到什么阻碍呢?

我在乡村的田园上，仍然过着颠沛流离的生活，处处靠着灰尘的提携。

那灰尘真像是我的航空母舰，上面载着不少的游伴。这些游伴的分子也太复杂了。矿、植、动三大界都有，连我菌物也在内，一共是四界了。

矿物之界，有煤烟的炭灰，有火山的破片，有海浪的盐花，有陨星的碎粒，还有各式矿石的散沙，都随着大风而远扬。

植物之界，有花蕊、花球的纷飞；有棉絮、柳丝的

比喻

把灰尘比喻成航空母舰，不但写出了细菌的微小，而且让句子变得生动有趣。

排比

炭灰、破片、盐花、碎粒、散沙，既写出了这些随风而扬的微尘小而轻，又写出了矿物世界的物质之多。

飘舞；有种子、芽孢、苔藻、淀粉、麦片以及各式各样的植物细胞的乱奔狂突。

动物之界，有皮屑、毛发、鸟羽、蝉翼、虫卵、蛹壳以及动物身上一切破碎零星的组织的东颠西扑。

菌物之界，有一丝一丝的霉菌，有圆胖圆胖的酵母，在空中荡来荡去。最后就是我菌儿这一群了。

这是灰尘的大观。这之间以我族最为活跃。我在灰尘中，算是身子最轻，我活动的范围也最广了。

这些风尘仆仆中的杂色分子，又像是一群流浪儿，一群迷途的羔羊呵。

我紧牵着这一群流浪儿的手，在天空中奔逐，到处横冲直撞，不顾一切利害。

记得有一回，还是在洪荒时代吧，我正在黑夜的森林中飞游，忽然碰了一个响壁，原来是蝙蝠的鼻子。我在暗中摸索，堕进了它鼻孔的深渊，觉得很柔滑很温暖。但不久，被它强有力的呼吸一喷，就打了几个筋斗出来了。

后来，我冲进它的鼻孔里去的机会愈来愈多了。然而，它这一类动物，呼吸道的抵抗力颇强，颇不容易攻陷，它的“扁桃腺”也发育得不大完全。

“扁桃腺[①]”这东西是“淋巴组织”的结合，淋巴

比喻

把杂色分子比作一群流浪儿，一群迷途的羔羊，描写出了各种分子在空中没有目的地游荡的样子。

动作描写

“紧牵”写出了我在灰尘之中活跃的状态，也可以看出我们很自由，无处不在。

字词释义

堕（duò）：掉。

① 即扁桃体。

腺[①]之一大种。在腭部有腭扁桃腺，在咽喉间有咽扁桃腺，在小脑上有小脑扁桃腺。如此之类的扁桃腺，自我闯入动物体内之后，都曾一一碰到了。

动物体内之有“淋巴组织”是含有抵抗作用的。淋巴细胞也就是抗敌的细胞，是白血球[②]之一种。所以淋巴这草黄色的流液，实富有排除外物的力量呀，我往往为它所驱逐而逃亡。

那么，扁桃腺就是淋巴组织最高的建筑物，就是动物身内抗菌的大堡垒了。当我初从鼻孔或口腔进到舌上喉间的时候，真是望之而生畏。

后来走熟了这两条路，看出了扁桃腺的破绽与弱点。原来它的里外虽有很多抗敌的细胞把守，而它的四周空隙深凹之处可真不少，那里的空气甚不流通，来来往往的食货污物又好在此地集中，留下不少的渣滓，反而成为我藏身避难的好所在了。

我就在这儿养精蓄锐，到了有机可乘时，一战而占领了扁桃腺，作为攻身的根据地了。于是那动物就发生了扁桃腺炎了。

这在人类就非常着急！认为扁桃腺在人身上有反动的阴谋，和盲肠是一流的下贱东西，无用而有害，非早

读书笔记

字词释义

养精蓄锐：保养精神，蓄集力量。

① 即淋巴结。

② 即白细胞。

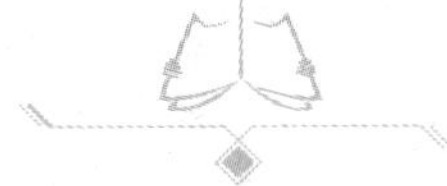

点割弃它不可。

其实人身的扁桃腺及其他淋巴腺愈发达，尤其是呼吸道的淋巴腺愈发达，愈足以表现出人菌战争之烈。

人若得胜，淋巴腺则是防菌的堡垒，我若得胜，这堡垒则变成为我的势力区了。

感想

淋巴腺对人体健康多么重要啊！淋巴腺是维护人体健康的堡垒，是对抗细菌的战士。

淋巴腺，在动物的进化过程中，还是比较新的东西。这是由于我的长期侵略，它们的积极抵抗，相持既久，它们体内就突然发生了这种防身的组织。

我生平对于冷血动物，素以冷眼看待，不似对于热血动物那般的热情，所以我在它们体内游历的时候，也没有见过有什么淋巴腺、扁桃腺之类的组织，这是因为我很少侵略它们的内部器官，我不过常拿它们的躯壳，当做过渡时期的驻屯所罢了。有时还利用它们作为我投奔高等动物身内的天梯或桥梁哩。这之间，就以昆虫之类最肯帮我的忙，尤以苍蝇、蚊子、臭虫、跳蚤、身虱、八角虱之流，这些人类所深恶的东西，更喜欢和我密切地合作，这是后话。不过，我如想从鼻孔进攻人兽之身，那还须靠灰尘的牵引。

感想

人们讨厌苍蝇、蚊子等，是有原因的，它们真是细菌的宿营地啊！

我曾经游遍了普天下动物的身体，只见到鸟类和哺乳类才有淋巴腺、扁桃腺之类的抗敌组织，而以哺乳类的淋巴腺为最发达。到了人，这淋巴腺的交通网更繁密了。人原是可以得很多病的动物呵。淋巴腺在进化途中

实是传染病的一种纪念碑呵。

高空的飞鸟绝不会得肺痨病，它们是常吸新鲜的空气，它们的呼吸道里我是不大容易驻足的，因此这条道上的淋巴腺也没有它们消化道的肠膜下的淋巴腺那样多。

肺痨病虽有鸟、牛、人之分，而关系鸟的部分受害者也只限于鸡鸭之群，人类篱下的囚徒罢了。于是它们呼吸道里的淋巴腺，是比飞鸟的增加了。

对比

把会得肺痨病的鸡鸭、牛和人与高空中飞翔的鸟对比，说明淋巴腺是在与细菌的对抗中逐渐发展强大的。

至于蝙蝠这夜游的动物，好在檐下或树林间盘旋飞舞，我自从那一回碰到了它的鼻子之后，就渐渐地熟悉它的呼吸道上的情形。我见它当初也没有什么扁桃腺，后来为了对付我而新添了这件隆起的东西。

由此可见我和动物的呼吸道发生了关系之后，扁桃腺及其他淋巴腺所处地位的崇高而重要了。所以，我在这一章的自传里，特地先记述它们。它们的发生是由于我的刺激，我的行动又以它们为路碑，我和它们的关系是多么密切呵。

我冲进鸟兽和人的鼻孔的机会固然很多，虽然这也要看灰尘的多寡，鸟兽之群及人口的密度如何。

高阔的天空不如山林的草原，农村的广场不如都市的大街，公园不如戏院，贵人的公馆不如十几个人窝在黑暗一间的棚户。总之，人烟愈稠密，人群愈拥挤，我

感想

在对比中我们更能明白什么地方是细菌最喜欢停留的。

从空中到鼻子，从鼻子又到别的鼻子的机会也愈多了。

我在乡村的田园上飞游之时，生活过于空虚，颇为失意。于是，就趁着乡下人挑担上城的时候，我就附着在他的身上，到这浮尘的都市观光来了。

感想

不洁净的环境和不文明的现象给细菌的传播提供了极大的便捷。

在都市的热闹场所，我的生意极其兴隆。这儿不但有灰尘代我宣扬，还有痰花口沫的飞溅而助我传播了。

从此呼吸道上总少不了我的影子。这条入肺的孔道，我是走得烂熟了。它的门户又是永远开放的。

虽然，婴儿初离母胎的当儿，他的鼻孔和口腔以内，是绝对没有我的踪迹。但经过了数小时之后，我就从空气中一批一批地移民来此垦殖了。

我的移民政策是以呼吸道的形势与生理上的情形来决定的。要看那块地方，气候的寒暖如何，湿度如何，黏膜上有无隙缝深凹之处，氧气的供给是否太多，组织和分泌汁的反应是酸是碱抑或是中间性，细胞胞衣上的纤毛，它们的活动力是否太强烈了。须等到这些条件都适合于我的生活需要了，然后这曲折蜿蜒海岸线似的呼吸道，才有我立身插足之地呵！

举例子

许多事件的发生助长了细菌的势力，引出下文对“痨病菌”的阐述。

此外，还有临时发生的事件，也足以助长我的势力。如食货和外物的停积，是加厚了我的食粮；如黏膜受伤而破裂，是便利了我的进攻，更有那不幸的矿工，整天呼吸着矽灰，他的肺瓣是硬化了，变成了矽肺，这矽肺

是我所最喜盘踞的地方。我家里那个最不怕干的孩子，人们叫它做“痨病菌”的，便是常在这矽肺上生长繁殖，于是科学先生就说，矽肺乃是肺痨病的一种前因。这是矿工受了工作环境的压迫，没有得到卫生的保障，人必先糟蹋了自己的身体，而后我才有机可乘，这不能专怪我的无情吧。

在十分柔滑而又崎岖不平的呼吸道上，我的行进有时是有如许的顺利，而有时又甚艰险了。因此，我这一群里，有的看呼吸道如“天府之国”，有久居之意；有的又把它当做牢狱似的，一进去就巴不得快快地出来；又有的则认为是临时的旅舍，可以来去无定。这样地，终主人的一生，他的呼吸道上，我的形影是从不会离开的。

这呼吸道又很像一条自由港，灰尘的船只可以随意抛锚。就我历次经验所知，这条曲曲折折的自由港又可分为里中外三大湾。

里湾以肺为界岸，出去就是支气管，而气管，而喉。中湾介于口腔与鼻洞之间，是呼吸道和食道的三岔路口，是入肺入胃必经的要隘，隆肿的扁桃腺就在这里出现，这一湾的地名就叫做“口咽”。“口咽”之上为“鼻咽”，那是外湾的起点了。“鼻咽”之前就是迂曲的鼻洞，分为两道直通于外。

感想

人若自己不爱惜自己的身体，那么就给了细菌入侵伤害的可乘之机。

排比

写出了不同的细菌对待呼吸道的不同态度，说明不同的细菌对待生存环境的要求各不相同。

感想

太可怕了，人的呼吸道上一直有细菌。

感想

生动的描写将呼吸道的结构具体清晰地介绍给我们，使看不见的复杂的人体内部结构变得简单形象。

迂曲的鼻洞，我是不大容易居留的，那里有时大风出入，鼻息如雷，有时鼻涕像瀑布一般滚滚而流，冲我出来了。所以在平时，鼻洞里的我大都是新从空气游来的，而且数目也较为不多。我本是风尘的游客，哪配久恋鼻乡呢？何况前面还有森严的鼻毛，挡住我的去路啊！

反问

强调了正常情况下，“我”不会在鼻洞里长时间停留。

可是，鼻洞里的气候时时在转变着，寒暖无常，有时会使鼻禁松弛了，我也就不妨冒险一冲，到了鼻咽里来了。

在鼻咽里，我是较易于活动，而能迅速地繁殖着。但，我的繁荣，究竟是受了当地食粮的限制，于是我不得不学成侵略者的手段了。这我也是为着生计所迫，而不能不和鼻咽以内的细胞组织斗争呵！

所以，到了鼻咽以后，我的性格就不似从前在空中时那样的浪漫与无聊，真变成泼辣勇猛多了。

由鼻咽到口咽，一路上准备着厮杀，准备着进攻。我望见那红光满目的扁桃腺，又瞥见那一开一合的大口，送进一闪一闪的光明，光明带来了许多新鲜的空气。我在这歧路上徘徊观望，逡巡不敢前进。久而久之，习惯使我胆壮，我就在口咽的上下，扁桃腺的四周埋伏，等候着乘机起事。所以在人身，我的菌众与种类，除了盲肠的左右以外，要算以咽喉之间为最多了。

字词释义

逡巡：（qūn xún）：有所顾虑而徘徊或不敢前进。

我在呼吸道上进攻的目的地，当然是肺。

那儿有吃不尽的血粮，
那儿有最广阔的地场，
肺尖又脆肺瓣又弱，
我可以长期地繁殖着，
但我在未达到肺腑前，
要尝尽千辛万苦；
一越过了软骨的音带，
突然就遇着诸种危害：
四围的细胞会鼓起纤毛来扫荡我，
两旁的黏膜会流出黏液来牵绊我，
喷嚏，咳嗽，说话，与呼吸又来驱逐我，
沿途的淋巴腺满布着白血球突来捕捉我。

我真是无可奈何了。所以在天气好的日子，从咽喉到肺这一条深港是平静无事的，我就偶尔跌进里头去，也没敢多流连呀！

一旦云天变色，气候骤寒，呼吸道上忽然遇着冷风的袭击，我一得了情报，马上就在扁桃腺前，召集所有预伏的菌兵菌将，会师出发，往着肺门进攻。

当那时，全咽喉都震撼了。

读书笔记

排比

在细菌进入肺腑前，人类相关器官也发挥各自的守卫作用，禁止细菌的入侵。

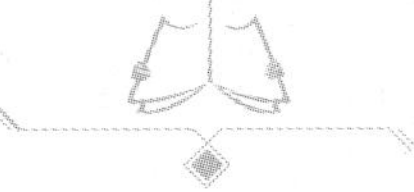

我的笔记

延伸思考

1. 是什么吸引“我”去呼吸道里探险呢？

2. “我”在呼吸道里会遇到什么阻碍呢？

3. “我”的目的地是哪里呢？

我的收获

佳句欣赏

这些风尘仆仆中的杂色分子，又像是一群流浪儿，一群迷途的羔羊呵。我紧牵着这一群流浪儿的手，在天空中奔逐，到处横冲直撞，不顾一切利害。

日积月累

养精蓄锐　颠沛流离　横冲直撞

肺港之役

?文前小问号

“我”有一件生平最值得纪念的轰轰烈烈的大事。通过这件大事，“我”几乎征服了全人类，全生物界为之震惊，这是什么事呢？它怎么会产生这么大的影响呢？

肺港之役是我的优胜纪录，是我生平最值得纪念的一件轰轰烈烈的大事，是我进攻呼吸道的大胜利。在这胜利的过程中，我几乎征服了全人类，全生物界为之震惊。

排比

强调了这次“肺港之役”，细菌大获全胜，写出了细菌对人类健康造成的伤害。

虽然，在这之前，我还有许多其他伟大的战绩，但都以布置不周，我作战的秘密，一一都为科学先生所揭穿了。如14世纪横行欧洲的大鼠疫，就是我利用了家鼠

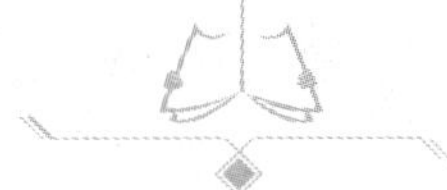

反问

强调了细菌不再利用鼠疫和水疫来侵害人类，说明人类对鼠疫和水疫有了很好的预防和治疗方法。

与跳蚤攻入皮肤的大胜。如扫荡全世界六次的大水疫[①]，就是我勾结苍蝇与粪水攻入肚肠的大胜。谁知道自19世纪末期以来，科学先生发明了抵抗我军的战略，从此卫生先进的国家都很严密地防范我，我哪里再敢从这两条战线上大规模地进攻人类呢？鼠疫和水疫打得人类如落花流水，也是我两番光荣的胜利呵，在以后还要详细地追述，这里不过提一提罢了。

至于肺港之役，是我出奇兵以制胜人类，使聪明的人类摸不着防御我的法门，而甘拜下风呀。

排比

用四句短小的排比句式，说明了科学家们尝试用各种方法研究细菌，寻找杀灭细菌的方法。

自那位胡子科学先生提出了抗菌的口号以来，他的徒弟徒子等相继而起，用着种种奸巧的计策，在各种传染病的病人身上，到处逮捕我。从1874年，我有一个淘气的孩子，在麻风病人的身上细嚼他的烂皮肉的时候，突然被一位科学先生捕捉了去，此后25年之间，欧洲各处实验室里高燃着无情之火，正是捕菌运动最紧张的时期，我的家人亲友被囚入玻璃小塔里的真是不计其数。他们（指实验室里的工作人员）用严刑来拷问我，用种种异术来威胁我，灌我以药汤，浸我以酸汁，染我以色料，蒸我以热气，无非要迫我现出原形于显微镜之下。

① 此说法源自《黄帝内经·素问》。古人认为温疫与五运六气变化异常有一定的关系，故有金疫、木疫、水疫、火疫、土疫“五疫”及“五疫”之说。

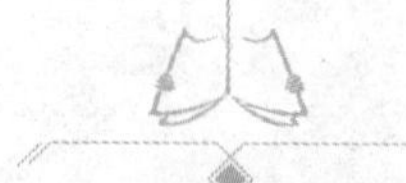

更有所谓传染病的三原则是一位著名的德国医生所提出的，他们都拿来作为我犯罪的标准。假如，据他们试验观察的结果，我和某种传染病的关系都符合下面所举的三原则，就判定我的罪状，加我以某种传染病的罪名。我菌儿这一群，平时大家都在一起共同生活，有血大家喝，有肉大家吃，不分彼此，不立门户，也不必标新立异地各起名称，大家都是菌儿，都叫做菌儿罢了。这是这一篇自传里我的一贯的主张。而今不幸，多事的科学先生却偏要强将我这一群分门别类，加上许多怪名称，呼唤起来，反而使我觉着怪麻烦的。何况，像我这样多样而又善变的生活方式，若都一一追究出来，我的种类又岂止几千种。这便在命名上不免发生纠纷，成问题了。

感想

菌儿一族太复杂庞大了！科学家的研究之路太了不起了！

闲话少讲。先谈谈这传染病的三原则吧。

我常听到科学先生说，每一种特殊的传染病，一定都有一种特殊的病菌在作祟，所以他们要认清病菌，寻出正凶，而后才可以下手防御，发出总攻击令，不然打倒的若不是凶手，凶手却仍在放毒杀人，病仍是不会好的呵。他们似乎又在讲正义了，并不盲目地加害于我的全体。

感想

只有对症下药，才能事半功倍。

那么，传染病的凶手是怎样判定的呢？这要看他们如何检查我那个特殊的淘气孩子的行动了。

他们的第一条原则是：要在每一个得了这特殊的传

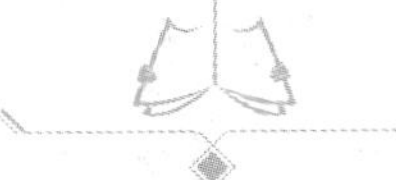

染病的病者身上，捉到我这行凶的孩子，而且它就捕的地点也应该就是行凶的地点。这就是说，若在其他不相干的地方抓到它，而真正的伤口上反而不能寻获，那证据就有些靠不住了。我这一群来来往往在人身做“过客”的很多很多，自然不可以随意指出一个说它是凶手。要在出事的地点常常发现的才是犯罪嫌疑人。

第二个原则是：这凶手要活生生地捉到，并且把它关在玻璃小塔里面，还能养活它，并且还会一代一代地传种传下去，别的菌种都不许混进来，以免有所假冒，以免鱼目混珠，要永远保持那凶手的单独性。若凶手早已死去，或因绝食而自毙，则它的犯罪的情形将何从考证？它的真相将何以剖明？

字词释义

鱼目混珠：拿鱼眼睛冒充珍珠，比喻拿假的东西冒充真的东西。

反问

强调了人们在研究由病菌引起的传染病时，要想找到元凶，必须要保证凶手的单独性。

假定凶手是活擒到了，它也能在外界继续地生长，独囚一室，不和异种相混，然而也不能就此判定它是这病的主犯，有时也许是抓错了，也许它不过是帮凶而已，而正凶反而逃脱了。怎么办呢？那就要用第三条原则来决定了。

第三条原则就是动物试验。拿弱小的动物作为牺牲品，把那有嫌疑的菌犯注射进这些小动物的体内去，如果它们也发生同样的病状，那就是这特殊传染病的正凶之铁证，不能再狡赖了。

我在旁听了之后，不禁叹服这位科学先生的神明，他

能这样精巧地定计破贼，真是科学公堂上的包拯呵！然而，这使我为着那一批专和人类作对的蛮孩子担心了。

科学先生的狡计虽然是厉害，我攻人的计划几乎一一都为他们所破坏了。但是，强中还有强中手，我家里有三个小英雄，就不为他们的严刑所恫吓，就不受这传染病的三原则所审理。肺港之役，我连战皆捷，就是这三位小英雄安排好的巧计，真是难倒了科学先生，他们至今还没有法子可以破除。

这三位我的小英雄，科学先生已给它们安了传染病的罪名了。

第一名，他们说它是猩红热的正凶，叫它做溶血链球菌。

第二名，他们说它是肺炎的主犯，称它做肺炎双球菌。

第三名，他们说它是流行性感冒的祸首，唤它做流行性感冒杆菌。

这他们当然是根据传染病的三原则而建议的。然而，我的这三个孩子的行动并不是这么单纯。它们的犯案累累，性质又未必皆相同。如第一名，不仅使人发生猩红热，什么扁桃腺炎、丹毒、产褥热、蜂窝组织炎之类的疾病，也都是由它而起。我这里所谈的肺港事件，就与它有密切的关系。……总之，这三位小英雄在侵略人体

字词释义

恫吓（dònghè）：威吓；吓唬。

读书笔记

时，都是随机应变，它们的生活是多方面的。可见这些科学的命名也免不了有些牵强附会了。我们切不可认真，认真了就有以名害实的危险呵。在我的自传里，提起孩子的名称这还是第一遭，所以特地声明一下。

我这三位小英雄，都是最爱吃血的微生物。为了要吃血，它们奋不顾身地往肺港里冲。它们又恐怕遭敌人的暗算，所以常是前呼后应地结成联合阵线，胜则同进，败则同退，不但白血球应接不暇，就是科学先生前来缉凶的时候也迷惑了，弄不清楚哪一个是真正的凶手呀。

当我在扁桃腺前会师出发，往着肺门进攻的时候，一路上遇到不少的挫折，我的其他孩子们都在半途战死，独有这三位小英雄，在这肺港里横冲直撞，所向无敌。

肺港是一个曲折的深渊，前半段，从咽喉的门户到肺叶的边界，是呼吸道的里湾，肺叶以内分为无数肺泡，这些肺泡便是呼吸道的终点。

我进了肺港之后，若不遇到阻挡，就一直往下滚，滚，滚过了支气管，然后是小支气管，再后是最小支气管。它们像树枝一般渐渐地小下去，渐渐地展开，我也顺着那树枝的形状快快地蔓延起来。一进了肺叶，那管口愈分愈细了。穿过了一段甬道似的肺泡小管，便是空气洞，再进则为空气房，合空气洞与空气房一起便是一个肺泡。新旧的空气就在这儿交换。所以我在途中前后

字词释义

牵强（qiǎng）附会：把本来没有某种意义的事物硬说成有某种意义。也指把不相关联的事物牵拉在一起，混为一谈。

动作描写

病菌在人体里横冲直撞，人们对它们却无计可施。

比喻

用渐渐小下去的树枝比喻支气管、小支气管和最小支气管，生动形象地写出了小支气管和肺泡小管分布细密，形状窄小的特点。

都有大风，冷风推我前进，热风迫我后退。

在肺泡的壁上，满布着血川的支流。心房如大海，血管似江河，血川就算是微血管的化名了。在这儿，我看见污血和新血的交流，我看见血球在跳跃，血水在汹涌澎湃，我细胞的饿火燃烧起来了。

全肺所有肺泡的面积，胀得满满的时候，约有 100 平方米，这比全皮肤的面积还大了约 100 倍。因此在这儿，血川的流域甚广甚长，况且肺泡的墙壁又是那么薄弱，那壁上细胞的纤毛这儿又都已不见了。到了这里，血川是极容易攻陷的，我的吃血是便当的事了。

为了吃血的便当，我这三个爱吃血的孩子就常常深入肺泡，强占肺房，放毒纵兵，轰炸细胞，冲破血管，与白血球恶战，与抗毒体肉搏，闹得人肺发硬作病流血出脓，而演成人身的三大病变——伤风、流行性感冒、支气管肺炎——一次比一次紧张，一回较一回危急。

伤风是我的小胜，流行性感冒是我的大胜，支气管肺炎是我的全胜。

在人生的旅途中，谁个不得过几次或轻或重的伤风呢？在流行性感冒大流行的时期，三人行必有一人被传染，尤其是在 1918 至 1919 年那一次，全世界都发生了流行性感冒的恐慌，我的声势之大真是亘古所未有，几个月之间，人类之被害者，比欧战 4 年死亡的总数还要

比喻

将我们看不见不熟悉的心血管系统形象化了。

感想

肺部所有肺泡饱胀时的面积，比全皮肤面积大那么多，人体内部组织太神奇了！

动作描写

病菌在肺部如此横行肆虐，人体哪还有健康可言哪！

字词释义

亘（gèn）古所未有：从古到今都不曾有过。

感想

想想人在病毒摧残下的最后惨状，太难受、太触目惊心了！病毒太可恶了！

多。至于支气管肺炎，那更是人人所难逃免的病劫。人到临终的前夕，他的肺都异常虚弱，我的菌众竞来争食，因而他的最后一次的呼吸，往往是被支气管肺炎所割断了。这可见我在肺港之役的胜利，是一个伟大而普遍的胜利。人类是无可奈何了。

伤风是人类司空见惯的病了，多不以为意。流行性感冒，中国人有时叫它做重伤风。那支气管炎也就可以说是伤风达到最严重的阶段了。他们都只怪风爷的不好，空气的腐败，却哪里知道有我，有我这三个在肺港里称霸的孩子在侵害。

感想

狡猾可恶的病毒慢慢地折磨着人。

我这三个孩子当中，尤以那被称为流行性感冒杆菌的为最英勇。它在肺港之役是我的开路先锋。它先冲进肺泡里，到了血川之旁去散毒。它并不直接杀人，也不到血液里去游泳，而它的毒素不尽地流到血液里，会使人身的抵抗力减弱了。它却留着刽子手的勾当，给我那后来的两个孩子做。

于是，在伤风病人的鼻咽里，科学先生最常发现它；在流行性感冒病人的痰里，仍常寻得见它，在支气管炎病人的血脓里，则寻见的不是它，只剩下我那两个孩子——肺炎双球菌和溶血链球菌了。

所以，伤风不会杀人，流行性感冒也不会杀人，然而它们却往往造成了杀人的局势，而把死刑的执行交给

支气管肺炎了。

科学先生当初以为我那孩子是流行性感冒唯一的凶手，因此加它以这样一个沉重的罪名。后来因为它的罪证并不完全，在传染病的三原则上很难通过，就减轻了它的罪，判它为流行性感冒的第二凶手，而把第一凶手的嫌疑，疑惑到比我还要小几千百倍的微生物，所谓“超显微镜的生物”[①]之类的身上了。

科学先生感到这肺港里的三大病变的复杂性了。这使他们的免疫苗的防御不中用，血清的抵抗不见效，预防乏术，治疗亦无法。科学先生也无可奈何了。

自从科学之军崛起，我在其他方面进攻人类都节节败退，独有肺港之役，我获得最大的胜利。这是我那三个小英雄之功。

将来的发展如何，我不知道，但因为我在人身有极重大的经济利益，我始终要求人类承认我在肺港的特殊地位，承认我的侵略权。

肺港里还有其他的纠纷事件，如肺痨、百日咳、大叶肺炎、肺鼠疫，如此之类，以及要封锁港口的白喉，那都因为性质不大同，都不及在此备载了。

感想

科学的发展让一些病毒无计可施，战胜这三种顽固的病毒仍需依靠科学进步。

举例子

列举了许多和肺有关的疾病，这些疾病在人类中是存在的，危害也是极大的。

① 即滤过性病毒。

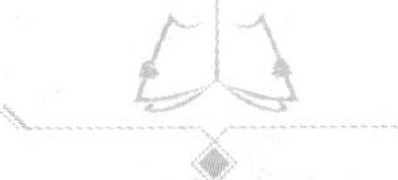

我的笔记

延伸思考

1. 肺港之役中菌族里的三位小英雄是谁?

2. 肺港之役中的微生物最爱吃什么?

3. 当病菌进入肺港之后人体主要会发生哪三大病变?

我的收获

佳句欣赏

为了要吃血，它们奋不顾身地往肺港里冲。它们又恐怕遭敌人的暗算，所以常是前呼后应地结成联合阵线，胜则同进，败则同退，不但白血球应接不暇，就是科学先生前来缉凶的时候也迷惑了，弄不清楚哪一个是真正的凶手呀。

日积月累

甘拜下风　随机应变　奋不顾身

无可奈何　牵强附会　鱼目混珠

吃血的经验

文前小问号

“我”吃的是复杂而普遍的，最低贱的如阿米巴的胞浆，最高贵的如人类的血液，但进攻血液也不是容易的事，“我”又会有什么办法呢?

从血川到血河，一路上冲锋陷阵，小细胞和大细胞肉搏，鞭毛和伪足交战，经过无数次的恶斗，终于是我得胜了，占领了血河，而人得败血症的病死了。

场面描写 一场血淋淋的没有硝烟的战争，看起来更可怕，更恐怖。

于是科学先生就板起面孔来，在实验室里，大骂我是穷凶极恶的暗杀党，谋害了宝贵的人命，他们一定要替人类复仇，发明新武器来歼灭我。

这不但于我的名声有损，而且连我在生物界的地位都动摇了。我在这一章里是要阐明我的立场哩。

中国的古人不是说过嘛，“民以食为天。”我是生物界的公民之一，当然也以食为天，不能例外。

我的生活从来是很艰苦的。我曾在空中流浪过，水中浮沉过，曾冲过了崎岖不平的土壤，穿过了曲折蜿蜒的肚肠，也曾饿在沙漠上，也曾冻在冰雪上，也曾被无情之火烧，也曾被强烈之酸浸，在无数动植物身上借宿求食过，到了极度恐慌的时候，连铁、硫和碳之类的矿盐，也胡乱地拿来充饥，我虽屡受挫折，屡经忧患，仍是不断努力地求生，努力维护我种我族的生存，不屈服，不逗留，勇往直前。我无时无刻不在艰苦生活之中挣扎着。我的生活经验，可以算是比一般生物都丰富得多了。我这样地四方奔走，上下飘舞，都是因为吃的问题没有解决呀！

感想

病菌在这么多的地方艰难求生，虽然很不容易，但是越不容易越看出病菌生命力强，生存空间广了。病菌无处不在！

我想，生物的吃，除了一般植物它们所吃是淡而无味的无机盐而外，其他的如动物界中的各分子及植物界中之有特别嗜好者，它们所吃，就尽是别的生物的细胞。它们不但要吃死去的细胞，还要吃活着的细胞。

吃人家的细胞以养活自己的细胞，这可以说是生物界中的一种惯例吧。于是各生物间攘争掠夺互相残杀的事件，层出不穷了。

字词释义

攘（rǎng）争：争夺。

字词释义

层出不穷：形容事物连续出现，没有穷尽。

我菌儿虽是最弱最小的生物，在生物界中似乎是居最末位的，但我对于吃的问题也不能放松！

我几乎是什么都吃的生物，最低贱的如阿米巴的胞浆，最高贵的如人类的血液，我都曾吃过。我虽曾被列入植物界，但我所吃，所爱吃的，绝不像植物所吃的那样淡泊而没有内容。我的吃是复杂而兼普遍，我是最能适应环境的生物。

但是，我因感着外界的空虚、寂寞而荒凉，我的细胞时有焦干冻饿的恐慌，所以特别爱好在动物身上盘桓，尤其是哺乳类的动物，人和兽之群。他们的体温常是那么暖和，他们又能供给我以现成的食料。我在他们的身上，过惯了比较舒适的生活，就老不想离开他们的圈子了。于是我的大部分群众就在这圈子之内无限制地生长繁殖起来了。

人和兽之群，在我看去真是一座一座活动的肉山啊！

我初到人兽身上的时候，看见那肉山上森严地立着疏疏密密的森林似的毛发须眉，又看见散乱地堆着，重重叠叠的乱石似的皮屑。我就随便吃了这些皮屑过活，那时我的生活仍然是很清苦的。

后来我又发现肉山上有一个暗红的山洞，从那山洞进去，便是一个弯弯曲曲无底的深渊，那就是人兽的肚肠。肚肠是我的天堂，那儿有来来往往的食货。我就常常混在里面大吃而特吃。但不幸我在洞里又遇到了一种

知识延伸

阿米巴：一种常见的原虫。

感想

病菌在人和兽的身上越是舒服，带来的威胁也就越大。

感想

肚肠里有食货，可以大吃特吃，这样的天堂就是细菌最喜欢的地方，同时也是人最容易有病灶的地方。

又酸又辣的液汁，我受不住它的浸洗。所以除了我那些走熟这一条路的孩子们以外，我的大部分的菌众都不能冲过去。这天堂仍是一个特殊阶级的天堂呵！

有一回，人的皮肤上忽像火山一般的爆裂了，流出热腾腾红殷殷的浓液。当时我很惊异这东西是从哪里来的呢？后来我在“肺港”里是见惯了它，它的诱惑力激动了我的食欲和好奇心。我的细胞就往往情不自禁地跳进它的狂流之中去。我尝了它的美味，从此我对于人兽的身体就抱着很大的野心了。

感想

血液激起了菌族的食欲和好奇心，品尝美味后，菌族有了更大的野心，人兽的身体成为菌族栖居地，人兽的肺港也就成了病菌的繁衍地。

我虽有吃活人活兽之血的野心，然而这并不是轻而易举的事，这也并不是我菌群中全体的欲望。这种侵略人兽的大举有些像帝国主义者的行为，虽然那不过是我族中少数有势有力的少壮细胞所干的事，帝国主义者侵略弱小民族也并不是他们国内全体人民的公意呀。所以你们不要因为我少数的“菌阀”的蛮干，使人类不安，而加罪于我的全体，连我一切有功的事业也都抹杀了。

感想

菌族里存在有害菌，也存在有益菌。我们不能对所有的菌都谈虎色变，深恶痛绝。

人类本来都茫然不知道我在暗中的活动，我的黑幕都是给多疑的科学先生所揭穿的。他们老早就疑惑我和人兽之血的恶关系了。于是他们就时常在人血兽血中寻找我的踪迹。因为在初生的婴孩，他的肠壁的黏膜，还不十分完整与坚实，他们想我到了那里，一定是很容易

通行的。又因为在猪牛之类的肌肉和组织里，他们时常发现我。因此他们对于我是更加疑忌了。但是在健康之人的血液里，他们老寻不着我，罪证既不完全，他们就不能决定我会在活血里行凶呀。这是因为在平时血液的防卫很严密，我很不易攻入。我就是偶尔到了活血里面，不久也被血液里的守军杀退了。

血液是那样密密地被包在血管里，围在皮肤和黏膜之内，我要侵入血流中，必先攻陷皮肤和黏膜。所以在平时皮肤的每一角落，黏膜的每一处空隙，都满布着我的伏兵，我在那里静候着乘机起事哩。

皮肤和黏膜的面积虽甚广大，处处却都有重兵把守。皮肤是那样坚韧而油滑，没有伤口即不能随便穿过。眼睛的黏膜有眼泪时常在冲洗，眼泪有极强大的杀菌力量，就是把它稀释到四万分之一，我还不敢在那里停留。不这样，你们的眼睛将要天天在发红起肿了。呼吸道的黏膜又有纤毛，会扫荡我出来。胃的黏膜，会流出那酸溜溜的胃汁，来溶化我。尿道和阴户的黏膜也有水流在冲洗，我也不能长久驻足。此外是鼻涕、痰和口津之类也都会杀害我。真是除了汗、尿，和人们不大看见的脑脊髓液而外，人和兽之群乃至于一切动物，乃至于有些植物，它们的体内，哪一种流液，哪一种组织，不在严防我的侵略，不有抵抗的力量呀！

质疑

血液是怎样防卫，不让病菌进入的呢？血液是怎样自卫杀菌的呢？

感想

人类的自身防疫功能可真强大呀！

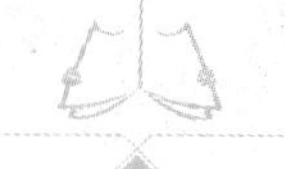

感想

血液里含有那么多的物质都是人体生存所需啊!

至于血，当然了，那是高等动物所共有的最丰富的流液，它的自卫力量更是雄厚了。

血，据科学先生的报告，凡体重在150磅左右的人都有7升的血，昼夜不息，循环不已地在奔流着，在荡漾着，在汹涌澎湃着。血，它是略带碱性的流液，我在血水里闻到了“蛋白质”“糖类”和“脂肪”的气味了；我见过了钠的盐、钙的盐的结晶体了；我尝到了“内分泌”和氧的滋味了。

列数字

列举具体数字说明血球的大小，并用比喻修辞说明血球的形状和特点。

在血的狂流中，我又碰到了各种各样的血球在跳跃着，在滚来滚去地流动着。

我最常遇到的是像车轮似的血球，带点青黄的颜色，它的直径只有7.5微米，它的体积只有2.5立方微米，它的胞内没有核心，它像一只一只的粮船，满载着蛋白质和脂肪，在我的身旁掠过。我看它那样又肥又美的胞体，我的饿火上冲了。我曾听科学先生说过，它的胞体里还有一种特殊的色料，叫做“血色素”，那是最珍奇的一种食宝。我远远地就闻见了动物的腥味，那就是从这血色素里所放出来的气味吧。我的少壮细胞爱吃人兽之血，目的也就在它的身上吧。

但我在血的狂流中，又遇到了一群没有色素的血球了。它们的胞体内却有了核心。那核心的形状又有好些种。有的核心是蛮大的，几乎占满了血球的全身；有的

核心是肾形的，有的核心的形状是凹凸不平的。它们这一群都是我的老对头，我在血中探险的时候，常受着它们的包围与威胁，它们会伸出伪足来抓我。

动作描写

“包围”“威胁”“抓”这些动词写出了血球与病菌的对抗状态，它们的战争一直在进行。

我又看到了一种卵形无色的小细胞，它有凝结血液的力量，我常被它绑住。有人说它是白血球的分解体，叫它做“血小板”。

还有一种一半是蛋白质，一半是脂肪的有色的细粒，科学先生叫它做“血尘”，大约它们就是死去的红血球[①]的后身吧。

此外，更奇怪的就是，我在血流中奔波的时候，我的细胞常中途而死，不知是中了谁的暗算，这我在后来才知道是所谓“抗体”之类无形的东西在和我作对呀。

血液是我所爱吃的，而血管的防卫是那么周密，红血球是我所爱吃的，而白血球的武力是那么可怕，每600粒红血球就有1粒白血球在巡逻着，保卫着它们！在这种情势之下，我有什么法子去抢它们来吃呢？我的经验指示我了：

质疑

这么严格的守卫，病毒还能侵入人的身体吗？如果不能侵入，人是不是就不会生病了呢？

第一要看天时。在天气转变的时候，人兽的身体骤然遇冷，他们皮肤和呼吸道的黏膜都瑟瑟缩缩地发抖起来，微血管里的血液突然退却，在这时候我的行军是较

① 即红细胞。

顺利的。或是外界的空气很潮湿，很温暖，我虽未攻入人体的内部，也能到处繁殖，所以在热带的区域，在人兽的皮肤上，常有疔疮疖子之类的东西出现，那都是我驻兵的营地呀。

第二要看地利。皮肤一旦受了刀伤枪伤而破裂，我就从这伤口冲入。有时人的皮肤偶为小小的针尖所刺，不知不觉地过了数小时之后，忽然作痛起来，一条红线沿着那作痛的地方上升，接着全身就发烧了，这就是我的先锋队已从这刺破的小孔进攻，而节节得胜了呀。

比喻

抽象的事情形象化，使文章通俗易懂。

然而在抵抗力强盛的身体，这是不常有的事。在平时我一冲进皮肤或黏膜以内，血液就如风起潮涌一般狂奔而来，涌来了无数的白血球，把我围剿了。这就是动物身体发炎的现象，发炎是它们的一种伟大的抵抗力量呵！

但是在身体虚弱的人，他们的抵抗力是很薄弱的，发炎的力量不足以应付危机。于是我就迅速地在人身的组织里繁殖起来了，更利用了血管的交通，顺着血水的奔流，冲到人身别的部分去了。有时千回百转的小肠大肠，会因食物的阻塞，外力的压迫，而突然破裂，那时伏在肠腔里的我就趁势冲进腹膜里去，又由淋巴腺而淋巴管而辗转流到血的狂流中去。这是我由肠壁的黏膜而

感想

保护好身体组织不受损伤，是防止病毒侵入的最有效办法。

入于血的捷径。

我又有时在外物与腐体的掩护之下，攻入血中。我伏在外物或腐体里，白血球和其他的抗菌分子就不能直接和我作战了。例如在人类不知消毒的时代，产妇的死亡率很高，那就是因为我伏在产妇身上横行无忌的缘故。

第三要看我的群力。我进攻人身的内部，必须利用菌众的力量。单靠着一粒一粒孤军无援的细胞作战，是不济事的。我必须用大队的兵马来进攻。例如人得伤寒之病，是因为他所吃的食物里，早就有我的菌众伏在那里繁殖了。

举例子

菌众对人身体进行攻击，让人患上伤寒之病。同时也提醒人们病从口入，吃东西一定要注意卫生啊！

第四要看我的战术。我要攻入血管，有时须勾结蚊子、臭虫和身虱之类的吮血虫做我的先驱，做我的桥梁。

第五要看我的武器。我有时又当使用毒素之类凶险的武器。那毒素是屠杀动物细胞最厉害无比的利器。我常伏在人兽之身的一个小角落里施放这毒素。

总之不论用什么法子，从哪一个门户进攻，我的大队兵马一旦冲进了血管里面，占领了血河，在血的狂流中横冲直撞，战胜了白血球，压倒了抗体，解除了血液的武装，把一个一个红血球里的血色素尽量地吃光了，那个人的生命就不保了。

动作描写

“冲进”“占领”“横冲直撞”“战胜”“压倒”“解除”“吃光”这些动作淋漓尽致地写出了病菌横扫一切的架势。

人死后，埋了拉倒，我可在那尸体里大餐大宴，那就是我的菌众庆功论赏的时候了。

不幸，近来殡仪馆的人，得到了消毒的秘诀，常把尸身浸在杀菌的药水里。又不幸，有些地方的民俗常用火葬，把尸体全烧成灰，那真是我的晦气。我不料在完全侵占了人身之后，竟同趋于灭亡，我的全军覆没了。这也许是人类的焦土政策吧！

感想

人类总是会想出更好的办法来对抗病菌。

我的笔记

延伸思考

1．“我”四方奔走，上下飘舞的原因是什么？

2．“我”想侵入血液，会遇到重兵把守，一定要先攻陷什么？

3．在血液里，谁的武力让“我”害怕？

我的收获

佳句欣赏

我的生活从来是很艰苦的。我曾在空中流浪过，水中浮沉过，曾冲过了崎岖不平的土壤，穿过了曲折蜿蜒的肚肠，也曾饿在沙漠上，也曾冻在冰雪上，

也曾被无情之火烧，也曾被强烈之酸浸，在无数动植物身上借宿求食过，到了极度恐慌的时候，连铁、硫和碳之类的矿盐，也胡乱地拿来充饥，我虽屡受挫折，屡经忧患，仍是不断努力地求生，努力维护我种我族的生存，不屈服，不逗留，勇往直前。我无时无刻不在艰苦生活之中挣扎着。

日积月累

勇往直前　情不自禁　千回百转

横行无忌　冲锋陷阵　轻而易举

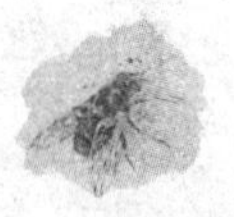

食道的占领

?文前小问号

人类的食道，实在是食物的大市场，食物的王国啊。“我”在占领食道的过程中经过了哪些地方?

食的问题真够复杂而矛盾了。

除了无情的水、无情的空气、无情的矿盐之外，一切生命的原料，都是有情的东西，都是有机体，都是各种生物的肉身。

感想

适者生存是生物的生存法则。

地球上各种生物，都有吃东西的资格，也都有被吃的危险。不但大的要吃小的，小的也要吃大的。不但人类要宰鸡杀羊，寄生虫也要拿人血人肉来充饥。这不是复仇，不是报应，这是生物界的一贯政策，生存竞争。

在生物界中，我是顶小顶小的生物，我要吃顶大顶

大的东西，不，我什么东西都要吃，只要它不毒死我。一切大大小小的生物，都是我吃的对象。因此，我认为我谋食最便当的途径，就是到动物的食道[1]上去追寻。我渺小的身体，哪一种动物的食道去不得？

反问

因为细菌太小太小了，所以它可以到任何一种动物的食道里去谋生。

为了食的追求，我曾走遍天下大小动物的食道。在平时，我和食道的老板，都能相安无事。我吃我的，它消化它的。有时，我的吃，还能帮助它的消化呢。牛羊之类吃草的动物，它们的肚肠里若没有我在帮助它们吃，那些生硬的草的生硬的纤维素，就不易消化呵。

虽然，有些动物的食道，我是不大愿意去走的。蝎儿的肠腔我怕它太阴毒，某种蠕虫儿的肚子我嫌它太狭窄。北极的白熊，印度的蝙蝠，它们的食道上，我也很少去光顾，这我是受不了不良环境与气候的威胁呀！

我到处奔走求食，我在食道上有深久的阅历，我以为环境最优良、最丰腴的食道，要推举人类的肚肠了。这在前面我已宣扬过了：

字词释义

丰腴（fēng yú）：丰盈；或指（土地）丰美肥沃。

人类的肚肠，是我的天堂，
那儿没有干焦冻饿的恐慌，
那儿有吃不尽的食粮。

① 食道：在这里泛指消化道。

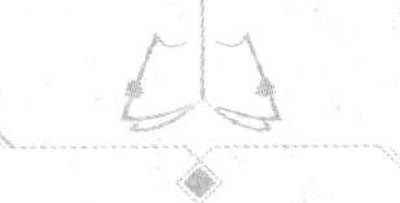

对比

通过对比写出了菌儿顺利通过胃汁，进入肚肠的过程，表达了菌儿心中的窃喜。

感想

细菌在肚肠里自由地游走，尽情饱餐，过得太惬意了。

人类这东西，也是最贪吃的生物，他的肚子，就是弱小动植物的坟墓，生物到了他的口里，都早已一命呜呼了。独有我菌儿这一群，能偷偷地渡过他的胃汁，于是他肠子里的积蓄，就变成我的粮仓食库了。在消化过程中的菜饭鱼肉，就变成我的沿途食摊了。在这条大道上，我一路吃，一路走，冲过了一关又一关，途中风光景物，真是美不胜收，几乎到处都拥挤不堪，我真可谓饱尝人中的滋味了。虽然，我有时也曾厌倦这种贵族式的油腻的生活，巴不得早点溜出肛门之外呀。

然而，在平时，我的大部分菌众，始终都认为人类的肠腑是我最美满的乐土，尤其是在这人类称霸的时代，地球上的食粮尽归他所统治，他的食道，实在是食物的大市场，食物的王国呵。我若离开他的身体再到别的地方去谋生，那最终是要使我失望的呵。

这种道理，我的菌众似乎都很明白，因此，不论远近，只要有机可乘，我就一跃而登人类的大口。这是占领食道的先声。

感想

细菌真是无处不在啊！注意口腔卫生，常刷牙，勤漱口，不给病菌停留的机会。

在他的大口里，就有不少的食物的渣滓皮屑，都是已死去的动植物的细胞和细胞的附属品，在齿缝舌底之间填积着，可供我的浅斟慢酌，我也可以兴旺一时了。然而，我在大口里，老是站不住脚的。口津如温泉一般地滚流不息，强盛的血液又使我战栗，吞食的动作又把

我卷入食管里面去了。不然的话，我一旦得势，攻陷了黏膜，那张堂皇的大口，就要臭烂出脓了。

到了食管，顺着食管动荡的力量，长驱直入，我的先头部队，早已进抵胃的边岸了。扑通一声，我堕入黑洞洞、热滚滚、酸溜溜、毒辣辣的胃汁的深渊里去了。不幸我的大部分菌众都白白地浸死了，剩下了少数顽强分子。它们有油滑的荚膜披体，有坚实的芽孢护身，一冲都冲过了这食道上最险恶的难关，安然达到胃的彼岸了。

有的人，胃的内部受了压迫，酿成了胃细胞怠工的风潮，胃汁的产量不足，酸度太淡，消化力不够强，我是不怕他的了，就是从来渡不过胃河的菌众，现在也都踉跄地过去了。

有的时候，胃壁上陡地长出一个团团的怪东西，是一种畸形的、多余的发育，科学先生给它一个特殊的名称叫做“癌”。“癌”，这不中用的细胞的大结合，我就毫不客气地占领了它，作为我攻人的特务机关了。

一越过了有皱纹的胃的幽门，食道上的景色就要一变，变成了重重叠叠的，有“绒毛”的小肠的景色了。酸酸的胃汁流到了这里，就渐渐地减退了它的酸性。同时，黄黄的胆汁自肝来，清清的胰汁自胰腺来，黏黏的肠汁自肠腺里涌出，这些人体里的液汁，都有调剂酸性

读书笔记

感想

人身体的内部器官如果出现异常，细菌就有了可乘之机，会促使器官病变，人就生病了。

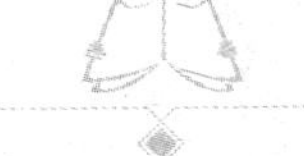

的本能。经过了胃的一番消化作用的食物，一到小肠，就渐渐成为中间性的食物了。中间性是由酸入碱必经的一个段落。在这个段落里，我就敢开始吃的劳作了。

不过，我还有所顾忌，就是那些食物身上还蕴蓄着不少的“缓冲的酸性”，随时都会发生动摇，而把大好的小肠，又有变成酸溜溜的可能。所以在小肠里，我的菌众仍是不肯长久居留，我仍是不大得意的呵！

分类

介绍小肠的三大段：十二指肠、空肠和回肠，以及它们名称的由来。

蠕动的小肠，依照它在食道上的形势，和它的绒毛的式样，可分为三大段。第一段是十二指肠，全段只有十二个指头并排在一起的那么长，紧接着是胃的幽门。第二段是空肠，食物运到这里，是随到随空的，不是被肠膜所吸收，就是急促地向下推移。第三段是回肠，它的蜿蜒曲折千回百转的路途，急煞了混在食物里面的我，我的行动是受影响了，而同时食物的大部分珍美的滋养料，也就在这里，都被肠壁的细胞提走了。

字词释义

出其不意：趁对方没有注意，就采取行动。

我辛辛苦苦地在小肠的道上，一段一段地推进，一步一步我的胆子壮起来了。不料刚刚走到了环境的酸性全都消失的地方，好吃的东西，出其不意的，又都被人体的细胞抢去吃了。我深恨那肠壁四周的细胞。

小肠的曲折，到了盲肠的界口就终止了。盲肠是大肠的起点。在盲肠的小角落里，我发现了一条小小的死巷堂，是一条尾巴似的突出的东西，食物偶尔坠落进去，

就不得出来。我也常常占领了它作为攻入的战壕，因此“人山”上就发生了盲肠炎的恐慌。

到了大肠了。大肠是一条没有绒毛的平坦大道，在“人山”的腹部里面绕了一个大弯。已经被小肠榨取去精华的食物，到了这里，只配叫做食渣了。这食渣的运输极其迟缓，愈积愈多，拥挤得几乎透不过气。我伏在这食渣上，顺着大肠的趋势，慢慢儿往上升，慢慢儿横着走，慢慢儿向下降，过了乙状结肠，到了直肠，这是食道上最后的一站，就望见肛门之口，别有一番天地了。

食渣一到了大肠的最后的一段，一切可供为养料的东西，都已被肠膜的细胞和我的菌众洗劫一空了，所剩下的只是我无数万菌众的尸身和不能消化的残余，再染上胆汁之类的彩色，简直只配叫做屎丁。屎这不雅的名称，倒有一点写实的意思呀。

多事的科学先生，曾费了一番苦心去研究屎的内容，他们发现了屎的总量的 1/4 ~ 1/3 都是尸，尸就是指我而言。据说，我的菌群，从成人的肛门口所逃出的，每天总有 8 克重量的我，真不算少，估计起来，约有 128000000000000000000 之多的菌尸。128 之后，又拖上了 18 个 0，这数字是多么惊人。由此可以想见大肠里的情形是如何的热闹了。

然而，在十二指肠的时候，我新从死海里逃生，我

字词释义

战壕（háo）：作战时用作掩体的壕沟。

动作描写

“伏”“往上升”“横着走”“向下降”这些动词写出了“我”艰难前行的过程。

列数字

看到了这么一长串的数字，不禁惊异于菌群真是太庞大了。

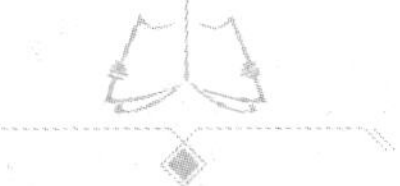

注音释义

寥寥无几：形容数量少。意思是非常稀少，没有几个。

感想

相对辅食来讲，母乳是最健康安全的。

字词释义

鼎鼎大名：用来形容名气很大。

的神志，犹昏昏沉沉，我的菌数，殆寥寥无几，这些大肠里异常热闹的菌众，当然是到了大肠之后才繁殖出来的。我的先头部队，只须在每一群中，各选出几位有力的代表，做开路的先锋，以后就可以生生世世坐在肠腔里传子传孙了。

在我的先头部队之中，最先踏进肠口的，是我的一个最可疼的孩子。它是不怕酸的一员健将，它顶顶爱吃的东西就是乳酸。它常在乳峰里鬼混，它混在乳汁里面悄悄地冲进婴儿的食道里来了。在婴儿寂寞的肠腔里，感到孤独悲哀而呻吟的，就是它。它还有一位性情相近的兄弟，那是从牛奶房里来的，也老早就到“人山”的食道上了。

在婴儿没有断乳以前的肠腔，这两弟兄是出了十足的风头，红极一时的。婴儿一断了乳，四方的菌众都纷纷而至，要求它俩让出地盘。它们一失了势，从此就沉默下去了。

这些后来的菌众之中，最值得注意的，是我的两个最出色的孩子，这两个都是爱吃糖的孩子。它们吃过了糖之后，就会使那糖发酵。发酵是我菌儿特有的技能。为了发酵，不知惹出了多少闲气来，这是后话不提。

这两个孩子，一个就是鼎鼎大名的“大肠杆菌”，看它的名字，就晓得它的来历。它的足迹遍布天下动物的

肚肠，只有鱼儿蛤儿之类冷血动物的肠腔，它似乎住不惯。科学先生曾举它做粪的代表，它在哪儿，哪儿便有沾了粪的嫌疑了。

那另一个，也有游历全世界肚肠的经验。它身上是有芽孢的，它的行旅是更顺利了。不过，它有一种怪脾气，好在黑暗没有空气的角落里过日子，有新鲜空气的地方，反而不能生存下去。这是“厌气菌”的特色。肚肠里的环境，恰恰适合了这种奇怪的生活条件。

我的孩子们有这一种怪脾气的很多，还有一个，也在肚肠里谋生。它很淘气，常害人得“破伤风”的大病，在肠腔里，它却不作怪。中国北平工人的肠腔里，就收留了不少它的芽孢。这大概是由于劳苦的工人多和土壤接近的吧！我的这个孩子本来伏在土壤里面。尤其是在北平，大风刮起漫天的尘沙，人力车夫张着大口喘息不定地在奔跑，它的机会就来了。

其实，我要攀登“人山”上食道的机会，真多着哪！哪一条食道不是完全公开的呢？我的孩子，谁有不怕酸的本领，谁能顽强抵抗人体的攻击，谁就能一堑一堑冲进去了。在这“人山”正忙着过年节的当儿，我的菌众就更加活跃了。

我虽这样地占领了食道，占领了人类的肚肠，仍逃不过科学先生灼灼似贼的眼光。有时人们会叫肚子痛，

读书笔记

反问

强调了菌儿进入人类食道的机会非常多。

字词释义

灼（zhuó）灼：形容明亮。

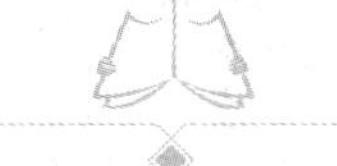

或大吐大泻，于是他们的目光，又都射到我的身上了，又要提我到实验室审问去了。那胡子[①]的门徒又在作法了，号称天堂的肚肠，也不是我的安乐窝了。哎！我真晦气！

我的笔记

延伸思考

1. 人类的小肠可分为哪几段？

2. 人的胃内部如果受到压迫，会造成什么后果？

3. “我”如果占领了盲肠，人就会有患上什么疾病的恐慌？

我的收获

日积月累

相安无事　出其不意　寥寥无几

① 胡子：代指文中的科学家。

肠腔里的会议

?文前小问号

菌众有很多，他们太微小，平时我们既看不见也辨不清，但科学家们已把在肠腔里的菌众进行了研究分类。它们都是什么呢？

崎岖的食道，纷乱的肠腔，
我饱尝了“糖类”和“蛋白质”的滋味。
我看着我的孩子，一群又一群，
齐来到幽门之内，开了一个盛大的会议，
有的鼓起芽孢，有的舞着鞭毛，
尽情地欢宴，
尽量地欢宴。
天晓得，乐极悲来，好事多磨，

感想

“饱尝”“尽情”写出了菌族在肠腔里舒适的状态。

突然伸来科学先生的怪手，

我又被囚入玻璃小塔了；

无情之火烧，毒辣之汁浇，

我的菌众一一都遭难了。

烧就烧，浇就浇，我是始终不屈服！

他的手段高，我的菌众多，我是永远不屈服！

这肠腔里的会议是值得纪念的。

这肠腔里的"菌才"是济济一堂的。

感想

细菌的结构多复杂啊，它们的生命太顽强了，虽然科学家想尽办法，但它们仍然生生不息。

从寂寞婴儿的肠腔，变成热闹成人的肠腔，我的孩子，先先后后来到此间的一共有八大群，我现在一群一群地来介绍一下吧。

俨然以大肠的主人翁自居的"大肠杆菌"；酸溜溜从乳峰之口奔下来的"乳酸杆菌"；以不要现成的氧气为生存条件的"厌氧杆菌"；这三群孩子我在前一章已经提出，这里不再啰唆了。其他的五大群呢？其他的五大群也曾在肠腔里兴旺过一时。

作诠释

作者用通俗易懂的语言对粪链球菌进行解释说明，让我们很轻松地明白了难懂的科学术语。

第四群，是"链球儿"那一房所出的，它的身子是那样圆圆的小球儿似的，有时成串，有时成双，有时单独地出现。科学先生看见它，吃了一惊，后来知道它在肚子里

并不作怪，就给它起了一个绰号，叫做“吃屎链球菌”[1]。链球菌这三字多么威风！这是承认它是肺港之役曾出过风头的“滚血链球菌”的小兄弟了。而今乃冠之以吃屎，是笑它的不中用，只配吃屎了。我这群可怜的孩子，是给科学先生所侮辱了。然而这倒可以反映出它在肠腔里的地位呵！

（笔记先生按：最近国民政府有一位姓朱的大将军，据说因为打补血针的时候不当心，血液中毒，得了败血症而死了。那闯进他的血管里面，屠杀他的血球的凶手，就是那著名的滚血链球菌呀！而那吸血的“链球菌”，它有时也曾被吞到肚子里去，不过，肚子里的环境是不容许它有什么暴动的，所以在肚子里它反不如它的小兄弟——吃屎链球菌那样的活跃。这在菌儿它是不好意思直说出来的啊。）

第五群，是“化腐杆儿”那一房所出的，它的小棒儿似的身体，蛮像“大肠杆菌”，不过，它有时变为粗短，有时变为细长，因此科学先生称它做“变形杆菌”。它浑身都是鞭毛，因此它的行动极其迅速而活泼。它好在阴沟粪土里盘桓，一切不干净的空气，不漂亮的水，常有它的踪迹。它爱吃的尽是些腐肉烂尸及一切腐败的蛋白质，它真是腐体寄生物中的小霸王。它在哪儿发现，

读书笔记

比喻

细菌是我们平时看不见的，作者用打比方的方法让我们知道了“化腐杆儿”跟小棒差不多。

① 即粪链球菌。

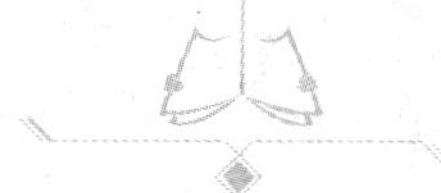

哪儿便有臭腐的嫌疑。它闻到了这肠腔里臭味冲天，料到这儿有不少腐烂的蛋白质在堆积着，因此它就混在剩余的肉汤菜渣里滚进来了。

在肠腔里，它虽能安静地干它化解腐物的工作，但它所化解出来的东西，往往含有一点儿毒质，而使肠膜的细胞感到不安。科学先生疑它和胃肠炎的案件有关，因此它就屡次被捕了。如今这案件还在争讼不已，真是我这孩子的不幸。

感想

把细菌被提取被反复研究写成了“被捕”“争讼不已”，多么生动有趣！

第六群，是“芽孢杆儿”那一房所出。也是小棒儿似的样子，它的头上却长出一颗坚实的芽孢。它的性儿很耐，行动飞快。它的地盘也很大，乡村的土壤和城市的空气中，都寻得着它。它爱喝的是咸水，爱吃的是枯草烂叶。它也是有名的腐体寄生物，不过它的寄生多数都是植物的后身，因此科学先生称它做枯草杆菌。它大概是闻知了这肠腔里有青菜萝卜的气味，就紧抱着它的芽孢，而飘来这里借宿了。有那样坚实的芽孢，胃汁很难浸死它，它这一群冲进幽门的着实不少呵。

作诠释

介绍了枯草杆菌名字的由来，也介绍了枯草杆菌吃喝的喜好，加深了读者对枯草杆菌的印象。

在新鲜的粪汁里，科学先生常发现一大堆它的芽孢。它又常到实验室里去偷吃玻璃小塔中的食粮，因此实验室里的掌柜们都十分讨厌它。但因为它毕竟是和平柔顺的分子，在大人先生的肚子里并没有闹过乱子，科学先生待它也特别宽容，不常加以逮捕。这真是这吃素的孩

子的大幸。

第七群，是“螺旋儿”那一房所出。它的态度有点不明，而使科学先生狐疑不定。它一被科学先生捉了去，就坚决地绝食以反抗，所以那玻璃小塔里，是很难养活它的。后来还亏东方木屐国有一位什么博士，用活肉活血来请它吃，它的真相乃得以大明。它的像螺丝钉一般的身儿，弯了一弯又一弯，真是在高等动物的温暖而肥美的血肉里娇养惯了，一旦被人家拖出来，才有那样的难养。大概我的这些过惯了人体舒适的生活的孩子，都有这样古怪的脾气，而这脾气在螺旋儿这一群，是显得格外厉害的了。

比喻

把“螺旋儿”比作螺丝钉，形象地说明了它的外形特点。

虽然，我这螺旋儿，有时候因为寻不着适当的人体公寓，暂在昆虫小客栈里借宿，以昆虫为“中间宿主”。在形态上，在性格上本来已经有“原动物”的嫌疑的它，更有什么中间宿主这秘密的勾当，愈发使科学先生不肯相信它是我菌儿的后裔了。于是就有人居间调停了，叫它做“螺旋体”，说它是生物界的中立派，跨在动植物两界之间吧。这些都是科学先生的事，我何必去管。

字词释义

后裔（yì）：已经死去的人的子孙。

我只晓得，它和我的其他各群孩子过从很密。在口腔里，在牙龈上，在舌底下，我们都时常会见过。在肠腔里，我们也都在一块儿住，一块儿吃，它也服服帖帖的并不出奇生事。要等它溜进血川血河里，这才大显其

比喻

用“强盗”来比喻螺旋体，说明螺旋体在人体的血水里肆虐猖狂。

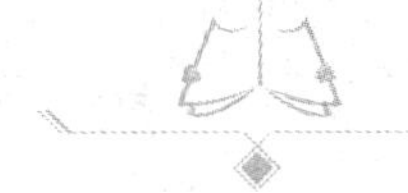

身手。它原是血水的强盗，不过它还有一所秘密的巢窝，是人间所讳言的神秘之窟。其实，那有什么了不起呢？我一生成功的秘诀，就在生殖得快而且多呀！正因为人类的生殖器，多为庄严的礼教所软禁，迫得愚夫愚妇铤而走险，这才闹出花柳病的案子、花柳病的乱子了。于是人类生殖器便成为这螺旋儿的势力区了，不然，它也只好平心静气地伏在肠腔里养老呀。

反问

强调神秘之窟也不算什么，突出强调细菌无孔不入。

第八群，是“酵儿”和“霉儿”。它们并不是我自己的孩子，而是我的大房二房兄弟所出的，算起来还是我的侄儿哩。它们都是制酒发酵的专家。不过它们也时常到人类肚子里来游历，所以在这肠腔里集会的时候，它也列席了。

那酵儿在我族里算是较大的个子，它那像小山芋似的胖胖的身儿是很容易认得的。它的老家是土壤，它常伏在马蜂、蜜蜂之类的昆虫的脚下飞游，有时被这些昆虫带到了葡萄之类的果皮上。它就在那儿繁殖起来，那葡萄就会变酸了，它也就是从这酸葡萄酸茶之类的食物滚进“人山”的口洞里来了。酒桶里没有它，酒就造不成，这在中国的古人早就知道了，不过看不出它是活生生的生物罢了。它的种类也很多，所造出来的酒也各不相同。法国的酒商曾为这事情闹到了胡子科学先生的面前。

比喻

形象地写出了“酵儿”的身体特别肥胖。

那霉儿，它的身子像游丝似的，几个、十几个细胞连在一起。它是无所不吃的生物，它的生殖力又极强，气候的寒热干湿它都能忍耐过去，尤其是在四五月之间毛毛雨的天气里，它最盛行了。因此它的地盘之大，我们的菌众都比不上它。它有强烈的酵素，它所到的地方，一切有机体的内部都会起变化，人类的衣服、家具、食品等的东西是给它毁损了。然而它的发酵作用并不完全有害，人类有许多工业都靠着它来维持哩。

对比

通过和其他的菌众进行对比，突出了“霉儿”存在的范围特别广。

关于这两群孩子的事实还很多，将来也要请笔记先生替它立传，我这里不过附带声明一声罢了。

以上所说的八大群的菌众，先后都赶到大肠里集会了。

“大肠杆儿”是在肠子里淘气的那一房的代表。

“乳酸杆儿”是吃糖产酸那一房的代表。

“厌氧杆儿”是讨厌氧气那一房的代表。

“吃屎链球儿”是球族那一房的代表。

“变形杆儿”是吃死肉那一房的代表。

“芽孢杆儿”是吃枯草烂叶那一房的代表。

“螺旋儿”是螺旋那一房的代表。

“酵儿”和“霉儿”是发酵造酒那两房的代表。

分类

总结了八大群的菌类代表。介绍得很有条理。

这八群虽然不足以代表大肠的全体菌众，但是它们是大肠里最活跃最显著最有势力的分子了。

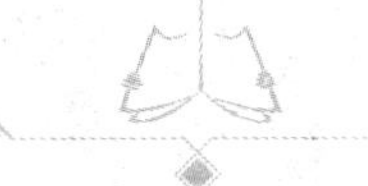

读书笔记

在以前几章的自传里，我并没有谈到我自己的形态，在本章里我也只略略地提出。那是因为你们没有福气看到显微镜的大众，总没有机会会见我，我就是描写得非常精细，你们的脑袋里也不会得到深刻的印象呵。在这里，你们只须记得我的三种外表的轮廓就得了：就是球形、杆形和螺旋形三种呵。

还有芽孢、荚膜、鞭毛也是我身上的特点，这里我也不必详细去谈它。

然而，我认为你们应当格外注意的，就是我在大肠里面是怎样的吃法，这是和你们的身体很有利害关系呵。

分类

分类介绍菌众的食癖，让读者更清晰地了解菌众在人体内的变化及菌众对人体的危害。

我这八群的孩子，它们的食癖，总说起来可分为两大党派：一派是吃糖，糖就是碳水化合物的代表；一派是吃肉，肉是蛋白质的代表。

它们吃了糖就会使那糖发酵变酸。

它们吃了肉就会使那肉化腐变臭。

这酸与臭就是我的生理化学上的两大作用呀。

然而大肠里蛋白质与碳水化合物的分布是极不平均的。和尚尼姑的大肠里大约是糖多，阔佬富翁的大肠里大约是肉多。

糖多，我的爱吃糖的孩子们，如乳酸杆儿之群，就可以勃兴了。

肉多，我的爱吃肉的孩子们，如变形杆儿之群，就可以繁盛了。

乳酸杆儿勃兴的时候，是对你们大人先生的健康有益的，因为它吃了糖就会产出大量的酸。在酸汁浸润的肠腔里，吃肉的菌众是永远不会得志的，而且就是我那一群淘气的野孩子们，偶尔闯进来，也会立刻被酸所扫灭了。所以在乳酸杆儿极度繁荣的肠腔里，“人山”上是不会发生伤寒病之类的乱子。所以今天的科学医生常利用它来治疗伤寒。

伤寒的确是你们的极可怕的一种肠胃的传染病，是我的一群凶恶的野孩子在作祟。这野孩子就是大肠杆儿那一房所出的。在烂鱼烂肉那些腐败的蛋白质的环境里，它就极容易发作起来。害人得痢疾的野孩子也是这一房所出的。害人得急性胃肠病的也是这一房所出的。它们都希望有大量的肉渣鱼屑，从胃的幽门运进来。还有霍乱那极淘气的孩子，也是这样的脾气。霍乱、痢疾、伤寒这三个难兄难弟和中国人是很有来往的，我不愿意去多谈它们了。

就是这些野孩子不在肠腔里的时候，如果肠腔里的蛋白质堆积得过多，别的菌众也会因吃得过火，而使那些蛋白质化解成为毒质。

专会化解蛋白质成为毒质的，要算是著名的“腊肠

字词释义

作祟（suì）：指鬼怪妖物害人；人或某种因素作怪、捣乱。

感想

合理膳食能远离疾病，对身体健康很重要！

毒杆儿”了，这杆儿是我的厌气那一房孩子所出的。这些厌气的孩子，身上也都带着坚实的芽孢，既不怕热力的攻击，又不怕酸汁的浸润，很容易就给它溜进肠腔里来了。

那八大群的菌众是肠腔会议中经常出席的，这些淘气的野孩子是偶尔进来列席旁听的。我们所讨论的议案是什么？那是要严守秘密的呵！

设问

增强了菌众讨论议案的神秘性。

不幸这些秘密都被胡子科学先生的徒子徒孙们一点一点地查出来了。

于是这八大群的孩子，淘气的野孩子以及其他的菌众一个个都锒铛锒铛地入狱，被拘留在玻璃小塔里面了。

字词释义

锒铛（láng dāng）：铁锁链。

看来科学先生是要研究出对付我们的圆满的办法呵。

我的笔记

延伸思考

1. 血液里如果有溶血链球菌，人会得什么疾病？

2. 爱喝咸水，爱吃枯草烂叶的是什么菌？

3. 菌众有哪三种外表形态？

我的收获

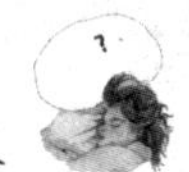

佳句欣赏

那酵儿在我族里算是较大的个子，它那像小山芋似的胖胖的身儿是很容易认得的。

日积月累

铤而走险　各不相同

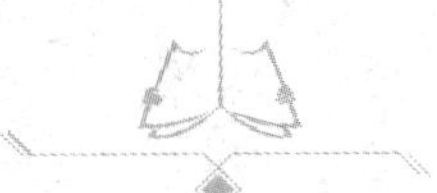

清除腐物

?文前小问号

那么多菌族给人类带来疾病，是不是所有的菌儿都在人间行凶，与人类势不两立呢？

真想不到，我现在竟在这里，受实验室的活罪。

科学的刑具架在我的身上，
显微镜的怪光照得我浑身通亮；
蒸锅里的热气烫得我发昏，
毒辣的药汁使我的细胞起了溃伤；
亮晶晶的玻璃小塔里虽有新鲜的食粮，
那终究要变成我生命的屠宰场。
从冰箱到暖室，从暖室又被送进冰箱，

字词释义
通亮：通明。

三天一审，五天一问，

侦查出我在外界怎样活动，

揭发了我在人间行凶的真相。

于是科学先生指天画地地公布我的罪状，

口口声声大骂我这微生物太荒唐，

自私的人类，都在诅咒我的灭亡，

一提起我的怪名，

他们不是怨天，就是“尤人”（这人是指我）！

怨天就是说“天既生人，为什么又生出这鬼鬼祟祟的细菌，暗地里在谋害人命？”

“尤人”就说“细菌这可恶的小东西，和我们势不两立，恨不得将天下的细菌一网打尽！”

这些近视眼的科学先生，和盲目的人类大众，都以为我的生存是专跟他们作对似的，其实我哪里有这等疯狂？

他们抽出片断的事实，抹杀了我全部的本相。

我真有冤难申，我微弱的呼声打不进大人先生的耳门。

现在亏了有这位笔记先生，自愿替我立传，我乃得向全世界的人民将我的苦衷宣扬。

感想

不怪乎人们怨天尤人，细菌实在是太可恶了，它们谋害人命，将它们一网打尽才能解恨。

我菌儿真的和人类势不两立吗？这一问未免使我的小胞心有点辛酸！

天哪！我哪里有这样的狠心肠，人类对我竟生出这样严重的恶感。

在生存竞争的过程中，哪个生物没有越轨的举动？人类不也在宰鸡杀羊，折花砍木，残杀了无数动物的生命，伤害了无数植物的健康。而今那些传染病暴发的事件，也不过是我那一群号称“毒菌”的野孩子们，偶尔为着争食而突起的暴动罢了。

正和人群中之有帝国主义者，兽群中之有猛虎毒蛇类似，我菌群中也有了这狠毒的病菌。它们都是横暴的侵略者，残酷的杀戮者，阴险的集体安全的破坏者，真是丢尽了生物界的面子！闹得地球不太平！

对比

用大家熟悉的人群中的帝国主义者和兽群中的猛虎毒蛇与菌群中的狠毒病菌进行比较，我们了解到这类病菌的危害性极强，破坏性极大。

我那一群野孩子们粗暴的行为虽时常使人类陷入深沉的苦痛，这毕竟是我族中少数不良分子的丑行，败坏了我的名声。老实说我并不是完全的罪过呵！我菌众并不都是这么凶呀！

我那长年流落的生活，踏遍了现在世界一切污浊的地方，在臭秽中求生存，在潮湿处传子孙，与卑贱下流的东西为伍，忍受着那冬天的冰雪，被困于那燥热的太阳，无非是要执行我在宇宙间的神圣职务。

作诠释

对菌众的作用进行了解释，读者更清楚地明白“我”的“神圣职务”。

我本是土壤里的劳动者，大地上的清道夫，我除污秽，解固体，变废物为有用。

有人说：我也就是废物的一分子，那真是他的大错，他对于事实的蒙昧了。

我飞来飘去，虽常和腐肉烂尸枯草朽木之类混居杂处，但我并不同流合污，不做废物的傀儡，而是它们的主宰，我是负有清除它们的使命呵！

喂！自命不凡的人类呵！不要藐视了我这低级的使命吧！这世界是集体经营的世界！不是上帝或任何独裁者所能一手包办的！地球的繁荣是靠着我们全体生物界的努力！我们无贵无贱的都要共同合作的呵！

在生物界的分工合作中，我菌儿微弱的单细胞所尽的薄力，虽只有看不见的一点一滴，然而我集合无限量的菌众，挥起伟大的团结力量，也能移山倒海，也能呼风唤雨呀！

我移的是土壤之山，
我倒的是废物之海，
我呼的是酵素之风，
我唤的是氮气之雨。

我悄悄地伏在土壤里工作，已经历过数不清的年头了。我化解了废物，充实了土壤的内容，植物不断地向

读书笔记

反问
强调了“我”对改造土壤的作用。

它榨取原料，而它仍能源源地供给不竭，这还不是我的功绩吗？

设问

用自问自答的方式让读者明白“我”是如何化解废物的，说明了“我”有作用。

我怎样化解废物呢？

我有发酵的本领，我有分解蛋白质的技能，我又有溶解脂肪的特长呵。

在自然界的演变途中，旧的不断地在毁灭，新的不断地从毁灭的余烬中诞生。我的命运也是这样。我的细胞不断地在毁灭与产生，我是需要向环境索取原料的。这些原料大都是别人家细胞的尸体。人家的细胞虽死，它内容的滋养成分不灭，我深明这一点。但我不能将那死气沉沉的内容，不折不扣地照原样全盘收纳进去。我必须将它的顽固的内容拆散，像拆散一座破旧的高楼，用那残砖断瓦，破栋旧梁，重新改建好几所平房似的。

比喻

形象地说明了菌儿将自然界里的物质进行拆解的过程。

因此，我在自然界里面，有一大部分的职务，便是整天整夜地坐在生物的尸身上，干那拆散旧细胞的工作。虽然有时我的孩子们因吃得过火，连那附近的活生生的细胞都侵犯了。这是它们的唐突，这也许就是我菌儿所以开罪于人类的原因吧！

那些已死去的生物的细胞，多少总还含点蛋白质、糖类、脂肪、水、无机盐和活力素等六种成分吧。这六种成分，我的小小而孤单的细胞里面，也都需要着，一种也不能缺少。

这六种中间，以水和活力素最容易消失，也最容易吸收，其次就是无机盐，它的分量本来就不多，也不难穿过我的细胞膜。只有那些结构复杂而又坚实的蛋白质、糖类和脂肪等，我才费尽了力气，将它们一点一点地软化下去，一丝一丝地分解出来，变成了简单的物体，然后才能引渡它们过来，作为我新细胞建设与发展的材料了。

分类

菌儿把六种成分进行分类介绍，让读者清晰地明白菌儿在这些物质间的作用。

是蛋白质吧，它的名目很多，性质各异，我就统统要使它一步一步地返本归元，最后都化成了氨、一氧化氮、硝酸盐、氮、硫化氢、甲烷，乃至于二氧化碳及水，如此之类最简单的化学品了。

这种工作，有个专门名词，叫做“化腐作用”，把已经没有生命的腐败的蛋白质，化解走了。这时候往往有一阵怪难闻的气味，冲进旁观的人的鼻孔里去。

作诠释

用简洁易懂的语言解释什么是“化腐作用”。

于是那旁观的人就说：“这东西臭了，坏了！”

那正是我化解腐物的工作最有成绩的当儿呵！担任这种工作的主角，都是我那一群“厌气”的孩子们。它们无须氧的帮忙，就在黑暗潮湿的角落里，腐物堆积的地方，大肆活动起来！

是糖类吧，它的式样也有种种，结构也各不同，从生硬的纤维素，顽固的淀粉到较为轻松的乳糖、葡萄糖之类，我也得按部就班地逐渐把它们解放了，变成了

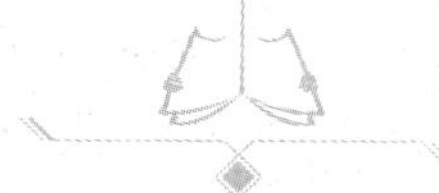

酪酸、乳酸、醋酸、蚁酸、二氧化碳及水之类的起码货色了。

是脂肪吧，我就得把它化成甘油和脂酸之类的初级分子了。

感想

虽然对病菌深恶痛绝，读到这里我们却发现菌儿一族也有利于自然和人类的一面。看来事物都有利弊，关键在于怎样趋利避害！

蛋白质、糖类和脂肪，这许多复杂的有机物，都是以碳为中心。碳在这里实在是各种化学元素大团结的枢纽。我现在要打散这个大团结，使各元素从碳的连锁中解放出来，重新组织适合于我细胞所需要的小型有机物，这种分解的工作，能使地球上一切腐败的东西，都现出原形，归还了土壤，使土壤的原料无缺。

我生生世世，子子孙孙，都在这方面不断努力着，我所得的酬劳，也只是延续了我种我族的生命而已。而今，我的野孩子们不幸有越轨的举动，竟招惹人类永久的仇恨！我真抱憾无穷了。

引用

大家都是这样想的吧？说得貌似很有道理，但实际却值得思考和质疑。

然而有人又要非难我了，说："腐物的化解，也许是'氧化'作用吧！你这小东西连一粒灰尘都抬不起，有什么能力，用什么工具，竟敢冒称这大地上清除腐物的成绩都是你的功劳呢？"这问题 19 世纪的科学先生，曾闹过一番热烈的论战。

在这里最能了解我的，还是那我素来所憎恨的胡子先生。他花了许多年的工夫，埋头苦干地在试验，结果他完全证实了发酵和化腐的过程，并不是什么氧化作

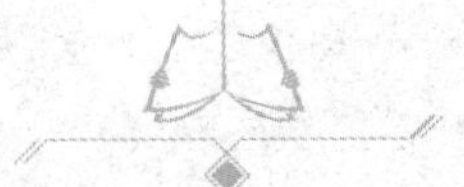

用。没有我这一群微生物在活动，发酵是永远发不成功的呵！

我有什么特殊的能力呢？

我的细胞里面有一件微妙的法宝。

这法宝，科学先生叫它做“酵素”，中文的译名有时又叫做“酶”，大约这东西总有点酒或醋的气息吧！

这法宝，研究生理化学的人，早就知道它的存在了。可惜他们只看出它的活动的影响，看不清它的内容的结构，我的纯粹酵素人们始终不能把它分离出来。因此多疑的科学先生又说它有两种了：一种是有生机的酵素，一种是无生机的酵素。

那无生机的酵素，是指“蛋白酵”“淀粉酵”之类那些高等动植物身上所有的分泌物。它们无须活细胞在旁监视，也能促进化解腐物的工作。因此科学先生就认为它们是没有生机的酵素了。

那有生机的酵素，就是指我的细胞里面所存的这微妙的法宝。在酒桶里，在醋瓮里，在腌菜的坛子里，胡子的门徒们观察了我的工作成绩，以为这是我的新陈代谢的作用，以为我这发酵的功能是我细胞全部活动的结果，因而以为我菌儿的本身就是一种有生机的酵素了。

我在生理化学的实验室里听到了这些理论，心里怪难受的。

设问

先用问句引起人们的思考和关注，再进行解释，从而让人恍然大悟。

感想

从“可惜”“多疑”这些词就能知道，科学家把酵素分成“有生机”和“无生机”是不科学的。

酵素就是酵素，有什么有生的和无生的可分呢。我的酵素也可以从我的细胞内部榨取出来，那榨取出来的东西，和其他动植物体内的酵素原是一类的东西。是酵素总是细胞的产物吧。虽是细胞的产物，它却都能离开细胞而自由活动。它的行为有点像化学界的媒婆，它的光顾能促成各种化学分子加速度的结合或分离，而它自己的内容并不起什么变化。

感想

借用“媒婆”把酵素的活动特征形象地描述出来，读起来很有趣。

在化学反应的过程中，这酵素永远是站在第三者的地位，保持着自己的本来面目。然而它却不守中立，没有它的参加，化学物质各分子间的关系，不会那样的紧张，不会引起很快的突变，它算是有激动化学的变化之功了。

没有酵素在活动，全生物界的进展就要停滞了。尤其是苦了我！它是我随身的法宝。失去它，我的一切工作都不能进行了。

比喻

用法宝做比喻，突出了酵素对菌儿的重要性。

虽然，我也只觉着它有这神妙的作用。我有了它，就像人类有了双手和大脑，任何艰苦的生活，都可以积极地去克服。有了它，蛋白质碰到我就要松，糖类碰到我就要分散，脂肪碰到我就要溶解，都成为很简单的化学品了。有了它，我又能将这些简单的化学品综合起来，成为我自己的胞浆，完成了我的新陈代谢工作，实践了我清除腐物的使命。

这样一说，酵素这法宝真是神通广大了。它的内容结构究竟是怎样呢？这问题，真使科学先生费煞苦心了。

> **疑问**
> 用疑问句引起大家强烈的探索兴趣，同时，还能很好地引出下文。

有的说：酵素的本身就是一种蛋白质。

有的说：这是所提取的酵素不纯净，它的身体是被蛋白质所玷污了，它才有蛋白质的嫌疑呀！

又有的说：酵素是一个活动体，拖着一只胶性的尾巴，由于那胶性尾巴的勾结，那活动体才得以发挥它固有的力量呵！

还有的说：酵素的活动是一种电的作用。譬如我吧，我之所以能化解腐物，是由于以我的细胞为中心的“电场”，激动了那腐物基质中的各化学分子，使它们阴阳颠倒，而使它们内部的结构发生变动了。

> **举例子**
> 通过举例子，你就能理解酵素的活动是一种电的作用了。

这真是越说越玄妙了！

本来，清除腐物是一个浩大无比的工程。腐物是五光十色无所不包，因而酵素的性质也就复杂而繁多了。每一种蛋白质，每一种糖类，每一种脂肪，甚而至于每一种有机物，都需要特殊的酵素来分解。属于水解作用的，有水解的酵素；属于氧化作用的，有氧化的酵素；属于复位作用的，有复位的酵素。举也举不尽了。这些错综复杂的酵素，自然不是我那一颗孤单的细胞所能兼收并蓄的。这清除腐物的责任，更非我全体菌众团结一

> **感想**
> 酵素单从性质来分，种类都举不胜举了，微生物的世界太复杂了。

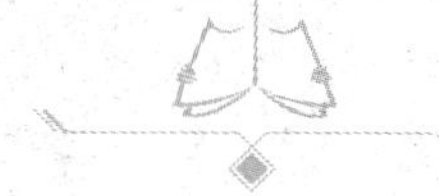

感想

用转折句来过渡，承上启下，很好地总结了上文，同时自然地引出下文。

列数字

用准确的数字介绍酵素对温度的适应情况。

感想

总结了酵素在生物界的重要作用，接下来又用诗歌的形式表明了菌儿的存在虽然有很多不好的地方，但也有其有利的一面，我们要正确看待菌儿。

致地担负起来不可！

酵素的能力虽大，它的活动却也受了环境的限制。环境中有种种势力都足以阻挠它的工作，甚至于破坏它的完整。

环境的温度就是一种主要的势力。在低温度里，它的工作甚为迟缓，温度一高过 70℃，它就很快地感受到威胁而停顿了。由 35℃到 50℃之间，是它最活跃的时候。虽然，我有一种分解蛋白质的酵素，能短期地经过沸点热力的攻击而不灭，那是酵素中最顽强的一员了。

此外，我的酵素，也怕阳光的照耀，尤其怕阳光中的紫外线，也怕电流的振荡，也怕强酸的浸润，也怕汞、镍、钴、锌、银、金之类的重金属的盐的侵害，也怕……

我不厌其详地叙述酵素的情形，因为它是生物界一大特色，是消化与抵抗作用的武器，是细胞生命的靠山，尤其是我清除腐物的巧妙的工具。

我的一呼一吸一吞一吐，
都靠着那在活动的酵毒，
那永远不可磨灭的酵素。

然而，在人类的眼中，它又有反动的嫌疑了。

那溶化病人的血球的溶血素，不也是一种酵素么？

那麻木人类神经的毒素，不也是酵素的产物么？

这固然是酵素的变相，我那一群野孩子是吃得过火，

请莫过于仇恨我，这不是我全体的罪过。

您不见我清除腐物的成绩吗？

我还有变更土壤的功业呢！

这地球的繁荣还少不了我，

我的灭绝将带给全生物界以难言的苦恼，

是绝望的苦恼！

反问

反问加叙述，突出了菌儿造福人类的一面。

延伸思考

1. “我”在宇宙间的“神圣职务”是什么？

2. “我”在土壤里是怎样化解废物的？

3. 你知道“我”清除腐物的巧妙工具是什么吗？

我的收获

我的笔记

佳句欣赏

正和人群中之有帝国主义者，兽群中之有猛虎毒蛇类似，我菌群中也有了这狠毒的病菌。它们都是横暴的侵略者，残酷的杀戮者，阴险的集体安全的破坏者，真是丢尽了生物界的面子！闹得地球不太平！

日积月累

鬼鬼祟祟　自命不凡　移山倒海

呼风唤雨　煞费苦心

土壤革命

?文前小问号

广大的土壤是微生物的王国，也是微生物的联邦，有小动物之邦和小植物之邦，这些形形色色的分子，有些是反动的，有些是前进的，它们是怎样进行革命的呢？

土壤，广大的土壤，是我的祖国，是我的家乡，

我从不知道时候的时候起，就把生命隐藏在它的怀中，

我在那儿繁殖，我在那儿不停地工作，

那儿有我永久吃不尽的食粮。

有时我吃完了人兽的尸肉，就伴着那残余

字词释义

繁殖：生物产生新的个体，以传代。

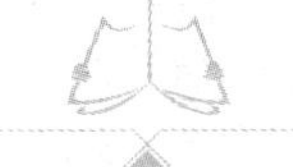

的枯骨长眠；

有时我沾湿了农夫的血汗，就舞起鞭毛在地面上游行。

在神农氏没有教老百姓耕种的时候，

我就已经伏在土中制造植物的食料。

有我在，荒芜的土地可变成富饶的田园；

失去我，满地的绿意，一转眼，都要满目凄凉。

对比

用对比来凸显菌儿对土壤的作用。

蒙古的沙漠，一片枯黄，

就因为那儿，我没有立足的地方。

在有内容的泥土里，我不曾虚度一刻的时辰，

都为着植物的繁荣，为着自然界的复兴。

有时我随着沙尘而飞扬，叹身世的飘零；

有时我踏着落叶，乘着雨点而下沉；

有时我从肚肠溜出，混在粪中，颠沛流离；

经过曲曲折折的路途，也都回到土壤会合。

排比

既增强了语气，又突出了菌儿无处不在。

我在地球上虽是行踪无定，

我在土壤里却负有变更土壤的使命。

变更土壤就是一种革命的工作，

是破坏和建设兼程并进的工作。
这革命的主力虽是我的活动，
也还有不少其他杂色的成员。
土壤，广大的土壤，原是微生物的王国，
并且，是微生物的联邦。
有小动物之邦，有小植物之邦。

在小动物之邦里，有我所痛恨的原虫，有我所讨厌的线虫，有我所望而生畏的昆虫。

在小植物之邦里，有我所不敢高攀的苔藓，有我所引为同志的酵霉，有我所情投意合的放线菌。

这些形形色色的分子，有些是反动，有些是前进。

看哪！那原虫，我在“人山”上旅行的时候，已经屡次碰见过了。在肚肠里，酿成一种痢疾的祸变的，不是变形虫的家属吗？在血液里，闹出黑热病的乱子的，不是鞭毛虫的亲族吗？变形虫和鞭毛虫都是顶凶顶狠毒的原虫。它们和我的那一群不安分的野孩子的胡闹，似乎是连成一气的。

它们不但在谋害高贵的人命，连我微弱的胞体也要欺凌。我正在土壤里工作的时候，老远就望见它们了。那耀武扬威的伪足，那神气十足的粗毛，汹汹然而来，好不威风。只恨我，受了环境的限制，行动不自由，尽

感想

分类介绍小动物之邦和小植物之邦都有微生物存在。每组句子中三个“有”字排比句，让句子读起来富有节奏感。

反问

表达得更加肯定，强调不同病原虫会引起不同的疾病。

列数字

用具体的数字来说明菌儿的行动能力，更加形象。

力爬了24小时，爬不到1英寸[1]，哪里回避得及，就遭它们的毒手了。

这些可恶的原虫儿们所盘伏的地层，也就是我所盘伏的地层。在每一克重的土块里，它们的群众，有时多至100万以上，少的也有好几百，其中以鞭毛虫最占多数。它们的存在，给我族的生命以莫大的威胁。它们真是我的死对头。

感想

用极短的句子突出要强调的线虫。句子短促有力，表达出作者对线虫的憎恶。

看哪！那线虫，也是一种阴险而凶恶的虫族，其中以吸血的钩虫为尤凶。它借土壤的潜伏所，不时向人类进攻。中国的农民受它的残害者，真不知有多少。它真是田间的大患。这本与我无干，我在这里提一声，免得你们又来错怪我土壤里的孩子们了。

看哪！那昆虫，如蚯蚓蚂蚁之徒，是土壤联邦显要的居民。它们的块头颇大，面目狰狞，有些可怕，钻来钻去，骚扰地方，又有些讨厌。不过，它们所走过的区域，土壤为之松软，倒使我的工作顺利。我又有时吃腻了大动物的血肉，常拿它们的尸体来换换口味，也可以解解土中生活的闷气。

读书笔记

这些土壤里的小动物们的举动，在我们土壤革命者的眼中，要算是落后，而且有些反动的嫌疑。

土壤里小植物之邦的公民，就比较地先进了。

① 英寸：英制长度单位，1英寸等于2.54厘米。

虽然那苔藓之群，它们的群众密布在土壤的上层，它们有娇滴滴的胞体，绿油油的色素，能直接吸收太阳的光力，制造自己的食粮。然而它们对于土壤的革命，有什么贡献呢？恐怕也只是一种太平的点缀品，是土壤肥沃的表征吧。它们可以说是土壤国的少爷小姐，过着闲适的生活了。

> **感想**
> 娇滴滴的胞体，绿油油的色素，把土壤国的少爷小姐形象生动地描述了出来。用设问的修辞强调了它们只是一种点缀。

土壤里真正的劳动者，算起来都是我的同宗。酵儿和霉儿就是那里面很活跃的两群。

酵儿在普通的土壤里还不多见，但在酸性的土壤里，在果园里，在葡萄园里，我常遇着它们。没有它们的工作，已经抛弃在地上的果皮花叶，一切果树的残余，怎么会化除完尽呢？

> **感想**
> 这些做好事的酵儿和霉儿也为土壤提供源源不断的养料。

霉儿能过着极简单的生活，在各样各式的土壤里我都遇到它。它这一房所出的角色真不算少：最常见的，有“头状菌”，有“根足菌”，有“曲菌”，有“笔头菌”，有“念珠状菌”，这些怪名都是描写它们的形态。它们在土中，能分解蛋白质为氨，能拆散极坚固的纤维素。酸性的土壤，是我所不乐居的，它们居然也能在那儿蔓延，真是做到我所不能做的革命工作了。

> **举例子**
> 介绍了几种常见的霉儿，形象地说明了霉儿的形态。

和我的生活更接近的，要算是放线菌那族了。它们那柳丝似的胞体，一条条分枝，一枝枝散开。它们的祖先什么时候和我菌儿分家，变成现在的样子，如今是渺

> **比喻**
> 用柳丝形象地写出放线菌的样子，读了好像看见了一样。

渺茫茫无从查考了。但在土壤里，它仍同我在一起过活，然而它的生存条件，似乎比我严格点，土壤深到了 30 英寸，它就渐渐无生望，终至于绝迹了。它在土壤最大的任务，是专分解纤维素的，它似乎又有推动氧化其他有机物之功哩。

最后，我该谈到我自己了，我在土壤联邦里，虽是个子最小，年纪最轻，而我的种类却最繁，菌众却最多，革命的力量也最伟大。

我的菌众，差不多每一房每一系，都是在土壤里起家。所以在那儿，还有不少球儿、杆儿、螺儿的后代；也有不少硝菌、硫菌、铁菌的遗族。真是济济一堂。

我的菌众估计起来，每一克重的土块，竟有 300 万至 2 亿之多。虽然，这也要看入土的深浅，距地面 2 英寸至 9 英寸之深，我的菌数最多。以后入土越深，我也就越稀少了。深过了 4 英尺[①]，我也要绝迹。然而，在质地轻松的土壤里，长驱直入 10 英尺，还有我的部队在垦殖哩。

有这么多的菌群，在那么大那么深的土壤盘踞着，繁殖着，无怪乎我声势的浩大，群力的雄厚，我的微生物同辈都赶不上了。

我们这一大群一大群土壤联邦的公民，大多数都是革命的工作者。

读书笔记

列数字

通过列举数字说明菌儿的数量，以及菌儿在土壤之中的活动范围。

① 英尺：英制长度单位，1 英尺约等于 0.3 米。

土壤革命的工作，需要彻底的破坏也需要基本的建设，因而我们这些公民，又可分为两大派别。

第一派是“营养自给派”，是建设者之群。它们靠着自身的本事，有的能将无机的元素，如硫、氢之类，有的能将无机的化合物，如氨、二氧化氮、硫化氢之类，有的能将简单的碳化物，如一氧化碳、甲烷之类，都氧化起来，变成植物大众的食粮；又有的能直接吸收空气中的二氧化碳，以补充自己。

举例子

生活中一些常有的无机元素都能被菌儿氧化，变成菌儿的食粮，这些都很好地说明了什么是“营养自给派”，即建设者之群。

在建设工作进行中，这派所用的技术又分两种。有的用化学综合的技术，如硝菌、硫菌、氢菌、甲烷菌、铁菌等，我的这些出色的孩子们，就是这样一群的技术能手。看它们的名称就可知道它们的行动了。

有的用光学综合的技术，那满身都是叶绿素的苔藓，就是这一类的技术能手。

然而，没有破坏者之群做它们的先驱，预备好土中的原料，它们也有绝食之忧呵。

第二派是“营养他给派”，那就是土壤的破坏者之群了。它们没有直接利用无机物的本领，只好将别人家现成的有机物，慢慢地侵蚀，慢慢地分解，变成了简单的食粮，一部分饱了自己的细胞，其余的都送还土壤了。

分类

用分类说明的方法，介绍了第二类菌派——“营养他给派”，即破坏者之群。

然而有时它们的破坏工作是有些过激了，连那活生生的细胞也要加害，这事情就弄糟了。生物界的纠纷，

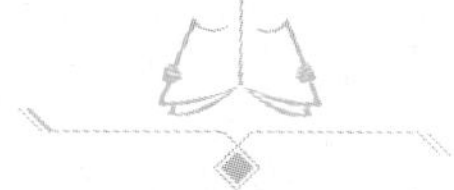

都是由此而兴，而互相残杀的惨变却层出不穷。我所痛恨的原虫就是这样残酷的一群。

至于我菌儿，虽也是这一派的中坚分子，但我和我的同志们（指酵儿、霉儿及放线菌等），所干的破坏工作，是有意识地破坏，是化解死物的破坏，是纯粹为了土壤的革命而破坏。

土壤的革命日夜不停地在酝酿着，我们的工作也一刻没有休息过。然而这浩大无比的工程，是需要全体土壤公民的分工合作。破坏了而又建设，建设了而又破坏，究竟是谁先谁后，如今是千头万绪，分也分不清了。

总之，没有营养他给派的破坏，营养自给派也无从建设；没有营养自给派的建设，营养他给派也无所破坏。这两派里，都有我的菌众参加，我在生物界地位的重要是绝对不可抹杀的事实。而今近视眼的科学先生和盲目的人类大众，若只因一时的气愤，为了我的那些少数不良分子的蛮动，而诅咒我的灭亡，那真是冤屈了我在土壤里的苦心经营。

对比

总结概括了两个菌派之间你中有我，我中有你的紧密关系。

延伸思考

1. 痢疾病和黑热病的源头是什么？

2. 每一克重的土块里最多有多少原虫？

3. 土壤里真正的劳动者最活跃两群是谁？

我的笔记

我的收获

佳句欣赏

有我在，荒芜的土地可变成富饶的田园；

失去我，满地的绿意，一转眼，都要满目凄凉。

蒙古的沙漠，一片枯黄，

就因为那儿，我没有立足的地方。

在有内容的泥土里，我不曾虚度一刻的时辰，

都为着植物的繁荣，为着自然界的复兴。

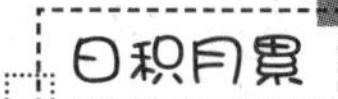

耀武扬威　层出不穷　千头万绪

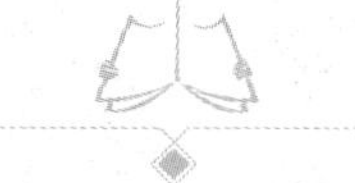

科学小品：细菌与人

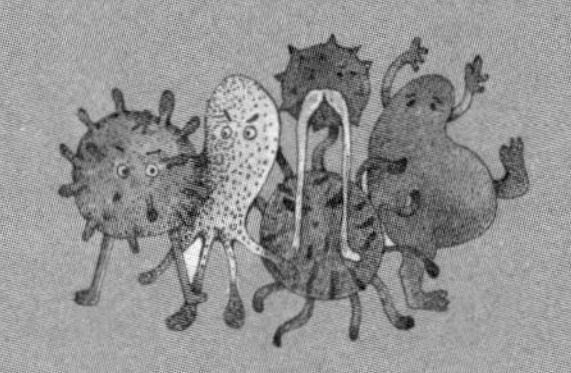

人生七期

文前小问号

莎士比亚有过一篇千古不朽的名诗，把人生分为七期，那么从生理学的角度，人生分为哪七期呢？

由初生到老死，这个路程，是谁都要走过的。不过，有的人不幸，在半道得了急症，或遇到意外，没有走完这条路，突然先被死神抓去了，那是例外。

中心句

统领下文，之后围绕中心句展开叙述。

在生之过程中，发育和衰老，同时进展。我们一天一天的长成，也同时一天一天的老迈了。小孩子一个个都巴不得即刻变做成人，但成人一转眼就都老了，都变成老头儿了。这个由小而大，由大而老之间，其实没有界线可分。天天在长，就是天天在老。生之日益多，死

感想

人的一生真是这样，天天在长，天天在盼，在期盼与等待中变老。

之辰益近。不过看哪一种成分，显得格外分明，而把一条生命线，强分为数段，也可。大约看来，在25岁以前，发育的成分多，25岁以后，则衰老的成分渐多了。

16世纪时，英国的大诗翁莎士比亚，有过一篇千古不朽的名诗，由婴儿起到暮年止，把人生分为七期，描写得极其生动逼真。大意是这样说：咿咿唔唔在奶娘手上抱的是婴儿；满面红光，牵着书包儿，不愿上学去的是学童；强吻狂欢，含泪诉情，谈着恋爱的是青年；热血腾腾，意气甚强，破口就骂，胆大妄为的是壮年；衣服齐整，面容严肃，大声方步，挺着肚子的是中年；饱经忧患，形容枯槁，鼻架眼镜，声音带颤的是老年；塌了眼眶，没有了牙齿，聋了耳朵，舌头无味，记忆不清，到了尽头的是暮年。这样把人生一段一段的，分析下来，真够玩意儿呀。

感想

把人生的各个阶段总结概括得太精妙了。

但是，莎士比亚的人生七期，是看着人情世态而描写的。我们现在也要把人生分为七期，却是依照生理学上的情形而分的。这七期，不自婴儿始，以子宫内受孕的母卵为起点。

对比

与莎士比亚的人生七期对比，既方便大家记忆，也能让大家明确分类依据不同，人生七期所指也不同。

自母卵与精虫相遇，受了精以后，立时新生命就开始了。自开始至三个月，为第一期。这一期的变化，突飞猛进，最为奇特。在这一期里，母卵不过是直径不满1/700英寸的一颗圆圆的单细胞，内中却早已包含着成

列数字

用具体的数字突出母卵特别小，却五脏俱全。

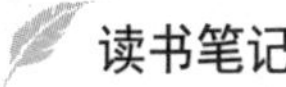

人所必需具备的一切重要的结构了。在这期里，还有几种结构，为成人所没有的，如第三星期，有鱼鳃的裂痕出现，如第六星期，有尾巴出现。自演化论者看来，这分明显出，人是鱼的后身，兽的子孙了。由母卵一个单细胞起，一变二，二变四，四变八，不断地变，到了第三个月，人的雏形已经完成，但仍是小得很，要用显微镜才看得清楚。这一期叫做胚胎期。

第二期是胎儿期，由第三个月起至脱离母体呱呱坠地时为止，大约有六七个月头吧。在这一期里，并没有添出什么花样，细胞仍是在变多，已完成的雏形渐渐长大，渐渐加重，渐渐成熟罢了。

在温暖的子宫内的胎儿，不会感到饥饿和窒息的恐慌。他所需要的食料和氧气，都从母亲的血液里支取，都是由胎盘输进脐带，送给他的。

在诞生的时候，这种食料和氧气的自由供给，突然停止。于是新生的婴儿，不得不哇的一声大哭，打通了两道鼻孔，顿时鼓动自己的肺叶，呼吸外界的新鲜空气。又哇的一声大啼，张开自己的小口尽力吸收甜美的乳汁，运用自己的胃和肠来消化食物。

这种食料供给的突变，对于发育的过程，并无重大的影响。不过在初生下来头 3 天，婴儿的体重略有低减。这多半是因为分娩后那几天乳量不足的缘故，不久就复

读书笔记

感想

通过说明婴儿来到世上第一声为什么是哭，来给大家科普知识。上下文都采用了这种娓娓道来的叙述方式。

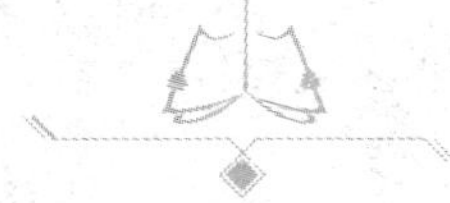

了常态。

由呱呱坠地到2岁乳齿长出的时候是为第三期，叫做婴儿期。

接着，就是第四期，即幼童期，由3岁起，在女童到13岁止，在男童到14岁止。在这一期里，年年体重均有增加，每年约增9%。这就是说，例如，体重40磅[1]的儿童，每年增加3.6磅，体重70磅的儿童，每年增加6.3磅。假使不生疾病，不遇饥荒，这时期里体重的增加，就可以一直向上无阻了。

举例子、列数字 详细说明幼童期孩子的体重增长很快。

到了第五期，就是最宝贵的青年时期了。如春天的花一般，一朵一朵地开出来，红艳可爱，一个个女儿的性格，一个个男子的性格，很奇幻而巧妙地在这一期里长成了。一夜之间，不知不觉由娇羞的童女，一变而为多色多姿的妇人；由顽皮的童子，一变而成大声大样的男人。其间有不少不平等、参差不齐的形态与资质啦。

比喻 形象地描述了人在青年时期生命的奇幻和可爱。

青年期，在女子她的标志是：月经的来临，骨盆的长大，乳峰的突起，及阴毛的出现，这大约在13至14周岁之间就发生了。

青年期，在男子，他的记号是：面部的胡须有了几根了；下部耻骨间的黑毛也一条一条的出来；同时好像喝了什么葫芦里的药，小孩子又尖又脆的高音，忽然变

① 磅：英制重量单位，1磅约等于0.4536千克。

成又粗又重的沉音了。

在滋养得宜的时候，这一期里，体重和身长的增加，比儿童的时期，还来得快，大约可由每年 9%，加到每年 12%。不过，贫苦的大众，平日都没有吃饱，营养不足，又怎能达到这样高速度的发育呢？

青年期的发育，是跟性的本能有关联的。割去生殖器的男童，到了青春发育的时期，就不会发生如平常男子一般的变化。从前清宫里的太监，就是这一例。这些太监，又不像男，又不像女，口音总是尖脆，颌下从来不生胡须。

美国密苏里大学，有一位解剖学教授亚冷先生，曾把某种动物的生殖器割去，那动物的发育因此迟缓了，又将各种生殖器的组织制成溶液，注射入那动物的体内，于是那动物体内某部分的发育又激增了。

但是由这青春的发动而使发育激增这种现象并不能维持长久。大约过了 2 年之后，发育的速度，就很快地跌下去了。满了 22 周岁的当儿，体重和身长，都已发育完全，不再前进了。

不论怎样，到了 23 周岁，一切体格的生长，都宣告终止。当然在 20 岁与 30 岁之间，自体力方面看去，是我们一生最强盛的时代。运动健儿，能创造新纪录，夺得锦标的，都在这时期内。

列数字、反问

用数字来说明，营养得宜，人长得是非常快的；用反问来说明，贫苦的生活是无法令人快速发育的。同时强调了营养充足、均衡的重要性。

读书笔记

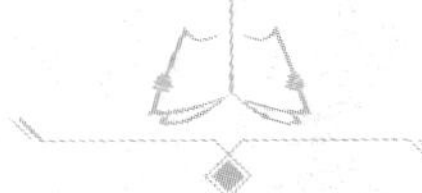

字词释义

江河日下：指江河的水一天天地向下流，现比喻情况一天天地坏下去。

外貌描写

形象地描写了此时期人的相貌特点。

感想

人最有用、最能积极实现人生价值的时代是中年期。

过了30岁，一切的体力体劲，就江河日下了。

大概是50岁那一年吧，妇人的月经告别，她的生殖时代，就成为过去的了。

在男子，生殖的机能，虽不似妇人那样的突然中断，然而一过了35岁之后，也就一天不如一天了。

男子一过了35岁，就一天一天的肥大了。团团的面孔，双重的下巴，厚厚的颈项，都显得隆肿起来了。汗毛越粗，胡子蔓延的区域渐广。笨重的身体，挺着大肚皮，一步一步不慌不忙地走。有福气活到35岁以上的人，多少都有这种福相吧！

然而这些形象，却被科学家认为都是生殖机能渐弱的表示。割去生殖器的雄兽，也就渐渐异常的肥大起来了。割去生殖腺的雄鸟，毛羽也格外地粗大。生理学者起初也以为胡子汗毛的加多加粗，是男性发展完全的特征，后来由于阉割雄鸟的试验，以人比鸟，就悟到粗毛粗须，是性能力渐弱的标记，而在这时期内，男子生殖腺的作用，事实上的确是减弱了。

男子到了60岁，生殖的机能，就完全终止了。世间才有几个老当益壮，66岁，还要割须弃毛，再做新郎的贵人呢？

由25岁起，女的到50岁，男的到60岁，是中年期，是一生的中心，是一生最有用的时代，这是第六期。

第七期，60岁以上的人，就算老了，一轮红日慢慢西沉，终归于万籁俱寂了。至于怎样老法，下一次再谈吧。

延伸思考

1. 人在多少岁以后，衰老的成分渐渐多了？
2. 科学上的人生七期，是依照什么来分的？
3. 人生的第四期被称为什么？

我的收获

日积月累

突飞猛进　江河日下　万籁俱寂

我的笔记

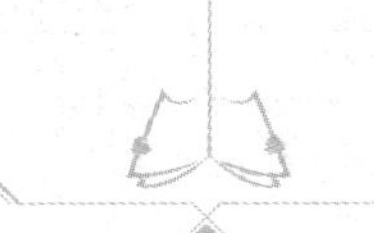

人身三流

文前小问号

流泪、出汗、排尿都是人正常的生理反应和活动，它们都是从人体的哪里产生的呢？这里面有什么科学知识呢？

中国的民众不知流了多少泪。

我由泪想起汗，由汗想起尿。

这是贫民窟里的三宝，却不为一般人所重视，因此我愿意替它们宣传宣传。

泪在灾民难民眼眶里狂涌，汗在车夫工人的额角背上怒奔，尿在黑暗的角落打滚。

这是三种有生命的水啊，被压迫而向体外逃亡，所以我称它们做“人身三流”。

感想

点明主题，解释说明了“人身三流”的含义。

人身所流出的水，固不只这三种，而这三种却是最肯抛头露面，而且爽直，不稍存退缩之心。

中国人的传统观念，总以为地位尊崇者，他的一切就高人一等。因此，在这人身的三流里面，泪的位置最高，也可以自称为上流了。汗的位置，上上下下，几遍于全身，只可称为中流。尿呢，那就是被人所贱视的下流了。

尿之不如汗，汗之不如泪，似乎是当然的道理。

所以古今诗人雅士，吟诗作赋，免不了说一两句伤心话，不是断肠，就是落泪，几乎非泪不足以表其多情。泪总是多情的产物罢。于是泪就可比茶一般的清高了。

感想

泪是情感的结晶，多情、伤情总会以泪表现。

一到了汗，他们就有些讨厌这个了。然而诗人到了夏天就有苦热诗了，在苦热诗里，又似乎非汗不足以写其苦。

至于尿，这卑鄙下贱的东西，用它骂人出气还可以，绝不可以入诗文，就是俗人的谈话，也都极力避免用尿字。

其实，这是不公平，不正确的。

我们都被传统的观念所束缚，所蒙蔽了。

尿、汗、泪三者都是人身的外分泌，干净时，一样的干净，龌龊时，一样的龌龊。

查其来源，它们都是从血液里面逃出来的流民。

感想

这三流与人相随，是人身体的一部分。

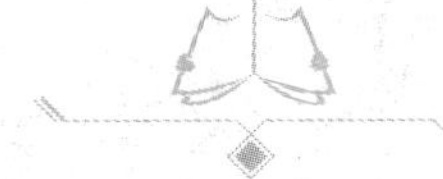

观其内容，尿最丰富，汗次之，泪最淡泊。然而都是一样的带点酸性的盐水，都含有一些“尿素”之类的有机化合物，还有别的，这里暂不提。

论其功用，尿最伟大，汗副之，泪就在可有可没有之间了。

泪的故乡是在眼角和鼻骨之间的泪器。泪时时都伏于那泪器的门口观望，有时出来巡逻，洗洗眼珠，清清眼皮，偶尔堕入鼻子的深渊，无底洞，就成为一种鼻涕了。

泪在心理上颇占地位，人都认为它和悲哀的情感有关系，这是因为泪器的细胞，和大脑派出的神经有直接联络罢。然而有时笑也会出眼泪；眼睛受了辣椒、烟雾的刺激，也会出泪；又有所谓流泪弹（催泪弹）之类的毒品，专使我们流出大量的泪。这可见泪实是眼睛的警备队、保护者了。

排比

说明泪是眼睛的警备队、保护者。

人本是流泪的生物。自初生到老死这一个过程中，流泪的机会正多着哩。但，中国人的眼泪是用得太滥了，各自为一身一家的疾痛，而流出一点一滴的泪，那泪是弱小而无聊的。

现在我们东方第一古国的悲剧，已一幕一幕地揭开了。我们要学春秋战国时代，荆轲和高渐离二侠士在燕市酒店里，那样慷慨悲壮的流泪。我们希望拿四万万大

众的热泪，来掀波翻浪洗净国耻。

然而泪终于是弱者的武器，单靠它来救亡图存，那力量是太薄弱了。

泪之后，还须继之以汗。

汗的原籍是皮肤里面的汗腺。全身的皮肤，除了外耳道、包皮、龟头之外，都有汗腺，而以手掌足底的汗腺为最多。人身皮肤汗腺的总计，大约在 200 万以上吧。

列数字

用数字表明人体汗腺数量之多。

汗腺出汗的多少是没有一定的。这要看四周空气的情形，寒暖如何，干湿如何。多跑多动，也会出汗。有时人们受了突然的惊吓，也会吓出一身冷汗来，汗也被情感所支配了。据说，在平时，就是穿长衫的人们，平均每 24 小时，也要出汗 2 ~ 3 升。这是皮肤受了衣服的包围，那里面的热气，常在 32℃左右，所以无形之中，时时都在出汗了。

不过，这汗不是水而是汽。大约要过了 33℃的“界点”，汗气才一变而为汗水。

列数字

用数字表示汗水和汗气的分界点，准确清晰，便于读者记忆。

汗水和汗气的分界，也可以说就是劳力和劳心的分界吧。

汗水里面的宝贝，除了盐和水之外，还有尿素、尿酸、肌酸、石炭酸、蛋白素之类的杂烩。而以尿素的成分为最主要。

刚洗完蒸汽浴，或经过一番强烈的运动之后，满头满身，淋淋漓漓，都是热汗，而那些汗珠里面，尿素的成分，就顿时加了许多。

有的人听了这话，就有些不愿意，而且不大相信，以为尿素这下流东西，也配在我头上身上作威作福哇。

然而这是生理上的事实。

原来尿和汗还是亲家，尿之尿素减少，则汗之尿素加多；汗之尿素少，则尿素都跑回尿那边去了。而其来去的主权，则由大脑派有特别神经，暗中操纵。

感想

形象说明尿和汗之间的紧密关系。

尿的历史就复杂得多了。现代疾病的诊断，又往往非作尿的检查不可，都是想从尿水里，追寻出疾病的脏物。尿的出身，虽甚下贱，它的先前性状，又极神秘，而它却是牺牲了自己而出奔——有的说是被压迫而逃亡——调和了血液，保全了全体，大有功于人身。将来如有空闲，也拟替它作一篇正传。这里所要谈的，不过举其大概罢了。

它的大本营是肾，膀胱是它的行营。

比喻

形象说明肾和膀胱之间的关系。

肾是一副多管的腺，俗称腰子，又号腰花，常常被人误认为男子生殖器的睾丸。其实睾丸自是藏精之宫，而肾却是尿的制造所了。

在这每个制造所里面，约有200万颗小球——肾小球——无数微血管密密地分布于此。

作诠释

细致地介绍了什么是肾小球，让人们对本不熟悉的肾小球有了形象的认识和了解，并且通过介绍可以想象出它的样子。

这么多的肾小球，又都被小球囊所包围。小球囊和肾小球之间，只隔了两层薄薄的膜；一层是微血管的外皮，一层便是肾小球的外皮。

那小球囊的空间，就是尿管的起点。

尿管起初是弯来弯去，千回百转，所以叫做盘曲的小管，后来才变成直直的一条，出了肾，直通尿道，而达于膀胱了。

肾，这制尿局，其结构是如此细微而繁复，于是生理学者，研究了再研究，在显微镜下，眼都看红了，还是纷纷论战，各执一说，还不能解决尿是怎样制造的这个问题。

有一派说，血一到了肾小球的微血管，因受大血管里的高血压所迫，只得透过了那两层薄膜，到了小球囊的空间，而变成尿。可是那尿是太稀了，于是当流过了盘曲的小管的时候，在途中，就有一部分，又被两旁的外皮细胞所吸收了，其余的渐渐成了浓尿的本色。

又有一派也承认，尿是血所滤过的东西。不过，他们以为，在小球囊的尿，还不是完整的尿，而只是些无机盐和水，所以稀。后来，在盘曲小管的途中，又有一批尿素、阿莫尼亚之类的有机物，从两旁的外皮分泌出来，加入尿的洪流中，于是就浓了。

这两说，各有其道理，其试验根据，等他们决定了，

读书笔记

分类

将人们对尿产生的两种认识分别介绍出来，科学而严谨。

再叙罢。现在我们只认尿是血的后身就够了。

血是最受人敬重的，我们又怎么太看不起尿呢？

尿是有时而酸性，有时而淡。这是间接受了食物的影响。吃肉的人，尿是酸性，吃素的人，尿近于淡。尿若变成了碱性，那是细菌这小贼儿的恶作剧。

尿的内容，除了守本分的无机盐和水之外，杂色的分子极多。主要的当然是尿素。其余还有尿酸、肌酸、马尿酸、草酸、硫酸盐、氧化酸、氮化酸、氮气、碳酸气、尿色素、尿胆素，各有各的来历与背景，还有有时列席有时缺席者不计外，真是济济一堂。这些名目都是抄自一位化学家的记录。

然而有人读了，就要生疑了。那姓马的尿酸怎么也会杂在里面，人尿里难道也会有马尿么？

本来科学名词都有些奇特，我们若认真起来，就很吃力。马尿酸，本是吃草的动物如马之类的尿中所常有。人及吃肉的动物，难得有。但人若常吃素，尿里就来了大量的马尿酸了。

反之，尿酸乃是吃肉的记号。所以出家人若开了荤偷着买肉吃，尿里面马尿酸的成分变成了尿酸，这是瞒不过实验室里的化验员的。

尿的质既是这样琳琅富丽，尿的量也很可观。成年男子在24小时之内所分泌出尿的总量，通常都有

反问

生活中，我们都认为尿是人体排泄的废物，故尿不被重视，甚至还被轻视。将尿和血联系起来，尿的地位马上变得与众不同了。

作诠释

介绍了尿的成分。

列数字

用具体数字介绍了成年男子的尿量。

1500～1700立方厘米之多。当然水喝得愈多，尿也就愈多，喝了茶、咖啡之类的饮料，尿也较多。这是常人所知道的。尿实是血过剩的去路啊。

然而，有人就要问了，尿何以恶臭难闻，它不是屎之流么？这又是传统的误会了。

设问

一问一答的设问形式令读者印象深刻。

尿与屎并论，是尿百世之冤恨。屎是食物的渣滓，和以胆汁，又有粪臭素、硫化氢之类的臭物，细菌成兆成亿地在那里寄生。虽居人身的腹地，并未曾受人肉的同化。

尿是血的分泌。血清尿也清，血浊尿也浊。血糖有过剩，而尿就成为糖尿了。

尿的本味，就是阿摩尼亚的本味，是一种单纯的药味，昏迷的人闻了，还可以大醒。

尿所以恶臭，是离了人身之后而变成的。这不是尿之本身的罪状，而是细菌的罪状。让细菌吃饱了的东西，就是汗，就是泪，就是血，就是肉，有哪一件不臭呢？

读书笔记

独于尿，而最看不起，这是下流者的不幸。

中国贫民窟里下层的民众，也被人看不起了几千年了。

泪也竭了，尿也尽了，只有汗还多可以流。

多喝些革命的水罢！多喝些抗敌的酒罢！澄清民族的污浊！流出四万万人的血，使全太平洋的水变色！

1936年2月20日　南京

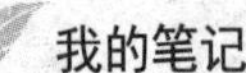

我的笔记

延伸思考

1.“人身三流”指的是什么？

2.眼睛的警备队、保护者是人身的哪一流？

3.三流之中功用最大的尿含有哪些分子呢？

我的收获

佳句欣赏

然而泪终于是弱者的武器，单靠它来救亡图存，那力量是太薄弱了。

色——谈色盲

文前小问号

世界因有了颜色而变得多彩，那么不能分辨颜色的人，他们的世界是什么样的呢?

有些泥古守旧的人，对于色，只认得红色，其余的都模糊不清了，以为红是大喜大吉，红会升官发财，红能讨老婆生儿子，其余的色，哪一个配!

感想

红运当头，自古以来红色就有吉祥、喜庆、热烈的寓意。

有些糊涂肉麻的人，如《红楼梦》里的贾宝玉之流，有特种爱红之癖，其余的色都被抹杀了，其余的色哪里赶得上?

然而，在今日的世界，红色似乎又带有危险性了。有些人见了它就猜忌了。不是前不多时，报纸上曾载过，德国有一位青年，因用了红领带，而被处了6个星期的

徒刑吗?

但是，我这里所要谈的，并不是这些喜红、爱红和疑红的人，而是另一种人，认不得红的人。

排比

介绍了什么是色盲，同时引入主题，加深印象。

这一种人，对于红，一向是陌生的。

这一种人，见了红以为是绿，见了绿又以为是红。

这一种人，就叫做色盲。

色盲不是假装糊涂，而实是生理上的一种缺憾。

这些话，在色盲者听了，或者能了然；不是色盲的人听了，反而有些不信任了，说是我造谣。

因此我须从色字谈起。

分类

通过分类，说明了不同职业的人对“色”的关注点不同。

色，这迷离恍惚、变幻莫测的东西，从来就有三种人最关心它。

物理学者关心它的来路，它的结构。

生理学者关心它的现实，它和人眼的反应。

心理学者关心它的去处，它对于心理上的影响。

虽然，还有化学者在研究色料的制造，诗人美术家在欣赏、调和色的美感，政治家在用色来标榜他们的主义，市政交通当局在用色以表明危险与安全，如此等等的人，对于色，都想利用，都想揩油，于是色就走入歧路了。这些，我们不去细谈。

物理学者就说：

色是从光的反映而成。光是从发光体送出来的一种

波浪。这一波一浪也有长短。太长的我们看不见，太短的也看不见。

看不见的光，当然是没有色，然而它们仍在空气中横冲直撞，我们仍有间接的法子，去发现它们的存在。如紫外光，如X光，如死光[①]之类。

> **举例子**
> 通过举例说明，告诉我们有一些光是我们看不见的，甚至是我们不知道的。

看得见的光，就可以分析而成为种种色了。

大概，发光体所送出的光，多不是单纯的光，内容很复杂，因而所反映出的色，也就不止一种了。

满天闪闪烁烁的群星，都是极庞大的发光体，和我们最亲热的就是太阳。

地球上一切的光，不，整个太阳系的光，都是来自太阳。

> **感想**
> 太阳给予世界光和热，大自然真是神奇的存在。

电光、灯光、烛光，乃至于小如萤火虫的光，乃至于更小如某种放光细菌的微光，也都是受了太阳之赐。

太阳的光线，穿过了三棱镜，一受了曲折，就会现出一条美丽的色系，由大红，而金黄，而黄，而蓝，而绿，而靛青，而紫。红以上，紫以外，就因光波太长太短的缘故，不得而见了。而且，这色系之间的演变，又是渐变而不是突变，所以色与色之间的界线，就没有理想的那样干脆了。

色之所以有多种，虽是由于光波的长短不齐，然而

① 死光：一般指激光。

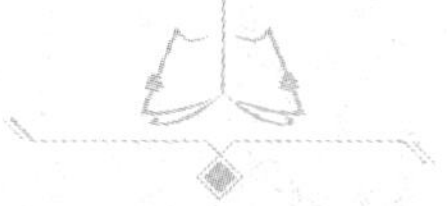

其实也靠着人眼怎样的受用，怎样去辨识。没有人眼，色即是空，有人眼在，空即是色。这太阳的色系，是一切色的泉源，普通的人眼，都还认不清，何况所谓色盲的人。

生理学者花了好些工夫去研究人眼，又花了好些工夫研究人眼所能见的色。他们说：

比喻

将“视网膜”比喻成底片，让人眼成像的原理更直观。

人眼的构造，和照相机相似，最里层有一片薄膜，叫做“视网膜”，那视网膜就好比是底片。一色至一切色的知觉都在这底片上决定，又伏有视神经的支脉，可以直接通知大脑。

色的知觉，可分为两党：一党是无色，一党是有色。

无色之党，就是黑与白及中间的灰色。

有色之党，就是太阳色系中的各色，再加上各种混合的色，如橄榄色、褐色之类。

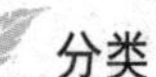

分类

采用连续分类的方法，条理更清晰。

有色之党，又可分为两派：一派是正色，一派是杂色。

正色，就是基本的色，纯粹的色。有的说只有三种；有的说可有四种。说三种的，以为是红、黄、蓝；又有以为是红、蓝、紫。说四种的，以为是红、绿、蓝、紫；也有以为是红、黄、绿、蓝。

总之，不论怎样，有了这些正色之后，其余的色，

都可以配合混制而成了。因此，其余的色，都叫做杂色。据说，世间的杂色，可有1000种之多哩。

太阳、火焰、血的狂流，都是热烈的殷红。晴天的天，海洋的水，都是伟大的深蓝。大地上，不是一片青青的草，绿绿的叶，就是一片黄黄的沙，紫紫的石。这些不都是正色吗？

对比、反问、举例子

正色和杂色对比，并采用反问的语气，让读者充分感受到色的丰富多彩。

傍晚和黎明的霓霞，花儿的瓣，鸟儿的羽，蝴蝶的翅，金鱼的鳞，乃至于化学药品展览室里一瓶一瓶新发明的染料，这些不都是杂色吗？

有了这些动人而又迷人，醒人而又醉人，交相辉煌而又争妍夺艳的种种的色，使我们的眉目都生动起来，活泼起来，然而外界的引诱力是因之而强化，于是我们有时又糊涂起来，迷惑起来了。我们的心房终于是突突不得安宁了。为的都是色。

这些话都是根据人眼的经验而谈。

然而，色，迷人的色，把它扫清吧！假使这世界是无色的世界，从白天到黑夜，从黑夜到白天，尽是黑与白与灰，这世界未免太冷落寂寞了，太清寒单调了，太无情无义了。

假设

人认识到没有了色，世界就太单调、太寂寞了。

然而，世间就有这么一类的人，对于色，是不认识了。大家看得见的色，他偏看不见，或看得很模糊，或大家看是红，他偏看出绿来，大家看是蓝，他偏看是白，

大家看是黄，他偏看是暗灰色。

排比

列举了不同种类的色盲。

这一类人，有的是全色盲，对于一切色，都看不见；有的是一色盲，对于某色看不见；有的是半色盲，对于色，都看得模模糊糊罢了。

最可怜的，就是那全色盲，他的世界完全是黑与白与灰，是无彩色的有声电影的世界。

这些事实，人们是不大容易发觉的。在这奔波逐浪、汹涌澎湃的人海潮里，不知从哪一个时代，哪一位古人起，才有色盲，我们是没有法子去考据的，也许有好些读者从来没有听见过色盲这个名词，也许你们当中就有色盲的人，而连自己都还没有发觉。

科学界注意这件事，是从18世纪末年英国的化学家道尔顿起。这位科学先生，本身就是色盲。他就是认不得红色的色盲之一员。

认不得红色是有危险的呀！后来的生理学者、心理学者，都渐渐注意了。他们说：水路、陆路的交通，都是以红色作危险的记号。轮船、火车上的司机，若是红色盲，岂不危险么。十字大街上的红绿灯，是指挥不动这些色盲的路人了呀。于是这个问题就为市政和交通当局所重视了。

列数字

精确说明了男女色盲患者的比例。

色盲的人，虽不是普遍的现象，然而也到处都有，尤以男子为多。据说，男子每百人中，色盲者有三四人；

妇女每千人中，色盲者有一人乃至十人。

不过，完全色盲的人很少很少。最常有的还是红色盲。其次的，还有绿盲、紫盲、蓝盲、黄盲，如此之类的色盲。

这些色盲，都是对于某一种正色的朦胧，不认识。对于杂色，更是糊涂弄不清了。

然而，红盲的人，听了人家说红，就去揣度，有时他也自有他的间接法子，他的自定标准，去认识红，去解释红，所以人家说红，他也不去否认。这样地，我们要侦察他的实情，是真红盲，还是假红盲，就得用红的种种混合色，杂色，请他来比较一下，他的内幕于是乎揭穿了。

医生检查色盲的种种手段，就是按照这个道理。

现在我们的敌人，有点假惺惺，口里声声亲善，背后枪炮刀剑，枪炮刀剑似乎是红，亲善又似乎不是红。中国的民众不要变成红盲吧！

字词释义

揣度：考虑估量。

延伸思考

1. 色，有三种人最关心它，分别是谁，关心他的什么？

2. 地球上一切的光，都来自于哪里？

3. 世间的杂色大约有多少种？

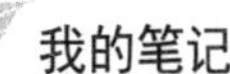

我的笔记

我的收获

佳句欣赏

有了这些动人而又迷人，醒人而又醉人，交相辉煌而又争妍夺艳的种种的色，使我们的眉目都生动起来，活泼起来，然而外界的引诱力是因之而强化，于是我们有时又糊涂起来，迷惑起来了。我们的心房终于是突突不得安宁了。为的都是色。

日积月累

迷离恍惚　变幻莫测　汹涌澎湃

声——爆竹声中话耳鼓

文前小问号

雷鸣、泉涌、虫吟、鸟语、清风、善言，这些美妙的声音是如何产生，我们又是怎么听到呢？

在首都，旧历新年的爆竹声，已不如从前那样通宵达旦，迅雷急雨般地齐鸣了。

不知被甚风吹走，今年的爆竹声，虽仍是东止西起，南停北响，但须停了好一会，才接着响下去，无精打采地，既像疏疏的几点雨声，又像檐下的滴漏，等了许久，才滴一滴。

比喻

形象地描写了首都爆竹声的逐渐稀少。

在这国难非常严重的年头，凡有带点强为庆贺，强为欢笑之意的声调，本来就不顺耳，索性大放鞭炮，热闹一番，倒也可以稍稍振起民气，现在只有这不痛不痒

字词释义

敷衍（fūyǎn）：马虎，不认真，表面上应付。

的疏疏几声，意在敷衍点缀新年而了事，听了更加不耐烦了。

不耐烦，有什么法子想呢？

色、声、香、味、触，这五种特觉，只有声是防不胜防，一时逃避不出它的势力范围之外。声音一发，听不听不能由你。这责任一半在于声音的性质，一半在于耳朵的构造。

设问

独立成段的设问能够突出重点，引人思考。

声音是什么呢？

声音是一种波浪，因此又叫做音波。这音波在空气中游行，空气的分子受了振荡，一直向前冲，中间经了无数分散而凝集，凝集而又分散的曲折。

音波是由发音体发出来的，起先一定是发音体先受了振荡，所以两个坚实的物体，互相抨击，就可以成音。这音波是一波未平，一波又起的，而每一波的长度都不相等，有时相差很远。

列数字

通过数字说明音波的长度和传播速度，读者更容易理解。

大凡合于音乐的音波，我们常人的耳朵所听得到的，它的波长，最长的不过 12~21 米之间，最短的波长只在 25 毫米之内。

这些音波在空气中飞行极快，平均的速率，每秒钟能行 330 ~ 360 米，但也要看所穿过的空气的寒暖程度如何。

不论怎样这些合于音乐的音波，是有规则的，有韵

节的。

不合于音乐的音波，就乱七八糟一点没有规律，没有韵节的了，所以听了就讨厌。

在从前，新年的爆竹声，家家户户合奏像一阵一阵的交响曲，非常使人高兴。今年的爆竹声，受了当局不彻底的禁止，受了民间不景气的潮流的影响，好久忽儿发出三四声，短而促，真是不痛快而讨厌。

这是声音的不协调，而叫我感到不耐烦。

耳朵的结构是怎样呢？

在我们的头颅上，两旁两扇翅膀似的耳翼，是收集音波的机器。在有的动物身上，它们还会听着大脑的指挥而活动的，然而它们的价值只是加强了声音的浓度和辨别音波的来向罢了。

不谙生理学的中国人，尤其是星相家之流的人，太看重了这两扇耳翼，以为耳的宝贵尽在这里，而且还拿它们的大小作为富贵和寿命的标准。如老子耳长7寸，便以为寿；刘先主目能自顾其耳，便以为贵之类的传说。

其实，若不伤及耳鼓，就是割去两扇耳翼，也还听得见，不过声音变得特别一点罢了。这两扇露在外面的耳翼，有什么了不得呢？

围着耳翼里面那一条黑暗的小弄，叫做耳道。耳道

读书笔记

反问

强调耳朵的主要功能不在于耳翼。

分类

分类介绍，再适当加上列数字、打比方等方法，让读者感受清晰，容易理解。

的终点，是一个圆膜的壁，叫做耳鼓。这耳鼓才是直接接收音波、传达音波的器官。这一片薄薄的耳鼓膜厚不及1/10毫米，却也分做三层：外层是一层皮肤似的东西，内层是一层黏膜，中间是一层“接连组织”。它的形状有点像一个浅浅的漏斗，而那凸起的尖端，却不在正中央，略略的偏于下面。这样带一点倾斜的不相称的形状，能敏锐地感到音波的威胁而振动。音波的威胁一去，那耳鼓的振动就停止了，所以耳鼓若是完好的，那外来的声音即听得很干脆而清晰了。

紧靠在耳鼓膜的里面有三颗耳骨：一是锥骨，一是砧骨，一是镫骨，各因其形而得名。这三颗耳骨的那一面是靠着另一层薄膜，叫做耳窗，又名前庭窗。

感想

详细巧妙地介绍了声波在耳内传播的原理。

这些耳骨是我们人身上最轻而最小的骨。它们的构造是极尽天工的巧妙，只须小小一点音波打着耳鼓，就可以使它们全部振动，那音波便被送进内耳里面去了。

内耳里面是伏有听神经的支脉，叫做耳蜗神经。那耳蜗神经的细胞非常灵便，不论多么低微的声音，它们都能接收而传达于大脑。

现在像爆竹这般大而响的声音，我们哪里能逃避不听呢！就是掩着两扇耳翼，空气的分子，既受了振荡，总能传进耳鼓里面去呀。

不过，这也有一个限制，空气是无刻不受着振荡，

有的振荡的速率是太快或太慢，达到了我们的耳鼓上面，就不成为声音了。

我们一般人所能听到的声音，极低微的振动频率，大约是在每秒钟 24 次至 30 次之间。有的人，就是低至每秒钟 16 次的振动频率的音波，也能听见。最高的振动频率，要在每秒钟 2 万次以内，才听得见。

列数字

读者通过具体数字，很容易记住听到的声音频率的范围。

在这里又要看各个人耳朵的感觉如何敏锐了。聋子是不用说了。有的人虽然没有到了聋子的地步，然而对于好些尖锐的声音，如虫鸟的叫鸣，就听不见。

虽然爆竹的声音，它的振动率不太高也不太低，只要距离得不太远，是谁都能听见的哩！

现在我们国家管事的人对于敌人的侵略，好像虫声鸟声一般唧唧地在那里秘密讨论。它的振动频率太低了，使我们民众很难听得见。而汉奸及卖国者之流，又似乎放了疏疏几声的爆竹，以欢迎敌兵，闹得全世界都听见了，真是出丑，更令我们听了不耐烦。然而又有什么法子想呢？

1936 年 1 月 27 日

我的笔记

延伸思考

1. 想一想声音是怎么形成的？

2. 音波在空气中的速度是多少？

3. 耳朵中直接接收音波、传达音波的器官是什么？

我的收获

佳句欣赏

不知被甚风吹走，今年的爆竹声，虽仍是东止西起，南停北响，但须停了好一会，才接着响下去，无精打采地，既像疏疏的几点雨声，又像檐下的滴漏，等了许久，才滴一滴。

日积月累

无精打采　乱七八糟　通宵达旦

香——谈气味

?文前小问号

宋太宗有诗云“香臭不同根”，我们身边有哪些气味，我们又是怎么辨识它们的呢？

气味在人间，除了香与臭两小类之外，似乎还有第三种香臭相混的杂味罢。

感想

开门见山，直入主题，引出下文。

植物香多臭少，动物臭多香少，矿物除了硫、硒、碲三者之外，又似乎没有什么气味了。

这些话是就鼻子的经验所得而谈。

香是鼻子所欢迎，臭是所拒绝，香臭不甚明了的第三种味，也就马马虎虎让它飘飘然飞过去了。

鼻子是两头通的，所以不但外界冲进来的气味瞒不过它，就是口里吞进去的，或胃里呕出来的东西，它也知道。捏着鼻子吃苦药，药就不大苦了。

然而鼻子有时塞住了，如得了伤风及鼻炎之类的疾病，那时就是尝了美酒香果，也是没有平日那么可口了。

疑问

运用连续问句激发读者兴趣。

气味到底是什么东西组成的，而有这样的轻贵呢？是不是也和光波、音波一样，也在空气中颤动呢？从前果然有人以为气味的游行，也是波浪似的，一波未平，一波又起。而今这种观念却被打破了。

现代的生理学者都以为，气味是从各种物体发出来的细粉。这细粉大约是属于气体罢。既发出之后，就渐散渐远，渐远渐稀，终于稀散到乌合之乡去了。

但若在半途遇到了鼻子，就飘进了鼻房里面，在顶壁下，和嗅神经细胞接触，不论是香是臭，或香臭相混，大脑顷刻就知道了。

据说，同属一类的有机化合物，结构愈复杂，气味也愈浓。这样看来，气味这东西，似乎又是化学结构上“原子量”的一种作用了。

因此，要把世间的气味，一一分门别类起来，那问题便不如起初料想的那样简单了。

感想

感叹鼻子对气味的灵敏。

于是我想鼻子真是一副极灵巧的器官啊，无论什么气味，多么细微，多么复杂，它都能分辨出来。

鼻子在所有特觉当中，资格算是最老了。

然而文明愈进步，鼻子就愈不灵，生物的进化程度愈高，鼻子的感觉也愈坏。

野蛮民族，如美洲红人、原始人之类，他们的鼻子，都比现代人灵得多。他们常以鼻子侦察敌人，审查毒物，而脱离了危险。

举例子

用举例子的说明方法，告诉人们鼻子的灵敏度也是受环境和进化程度影响的。

狗的鼻子是著名的敏锐了。无论地上留有多么细微的气味，它都能追寻到原主。然而它也只认得熟人的气味，才是好气味。如果是生人，就是你满身都是香，也要对你狂吠几声，因为你不是它的圈子以内的人。

昆虫的嗅觉，似乎也很灵，不然房子里一放了食物，蟑螂、蚂蚁之类的虫儿，怎么就知道出来游历考察呢？

反问

拟人加反问手法，让读者感觉更加形象，有趣。

气味的感觉，也是当局者迷，外来者清。鼻子是有时而倦了，它也只有几分钟的热心。所以古人说："入鲍鱼之肆，久而不闻其臭；入芝兰之室，久而不闻其香。"在生理学上看来，这句老话倒也不错。很多人总不觉着自己屋子里有臭味，一到外头去跑跑，回来就知道了。

引用

恰当引用古语，很好地说明了鼻子对气味感知的适应性。

气味有时也会倚强欺弱，一味为一味所压迫，所遮蔽，所中和。所以两味混在一起，有时我们只闻见这味，而闻不到那味，如尸体的味一经石炭酸[①]的洗浸之后，就只有石炭酸的气味了。

因此，人们常用以香攻臭的战术来消灭一切不愿

① 石炭酸：苯酚。

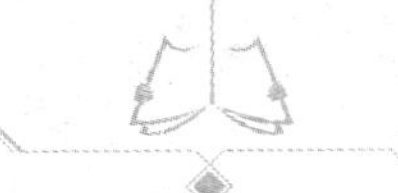

闻的气味。这种巧妙的战术，是大大的被有钱的妇女所利用了。这也是香粉、香水之类化妆品的入超之一原因吧！

肉的气味，大家都是一样，本来没有什么难闻。然而不幸有的人常常发生特种的气味，则不得不借香粉、香水之力以遮蔽了。然而又有的人竟大施其香粉政策以取媚于其腻友，或在社交上博得好声誉。

比喻

写出了自然真实的才是美而耐人寻味的。

然而香粉、香水之类的东西是和蜂采蜜一般，从花瓣花蕊里面采出来，榨出来的，究竟不是肉的本味，而是偷来的气味，似乎有些假。

因此我还有一首打油诗送给偷香的贵人们：

引用

引用打油诗，对人们利用香的气味进行调侃。语言风趣幽默。

窃了花香做肉香，
花香一散肉香亡，
剩下油皮和汗汁，
还君一个臭皮囊。

据说气味这东西与心理还有些联络。所以讨厌这个人也讨厌这个人的味，欢喜另一个人也欢喜那个人的味，这是常有的事，而且还有闻着气味而动了食指或色情的君子呢。

气味这东西真是不可思议了。

在这个年头，气味有时使我们气闷，使我们掩了鼻子不是，不掩鼻子又不是。掩了鼻子又有不亲善的嫌疑，不掩鼻子又有人说你的鼻子麻木了，不中用了。

社会上有许多事是臭而又臭，绝没有一些香气，又不是第三种的杂味可以让他飘过去，真是左右难以做人啊。

1936 年 2 月 16 日

1. 气味是由什么东西组成的？

2. 为什么说鼻子是一副极灵巧的器官？

3. 人们常用什么方法来消灭一切不愿闻的气味？

我的收获

日积月累

入鲍鱼之肆，久而不闻其臭；入芝兰之室，久而不闻其香。

我的笔记

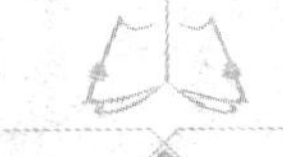

味——说吃苦

文前小问号

人生有五味，酸甜苦辣咸，你对苦有怎样的理解和思考呢？

感想

由当时中国的国情，由人民受苦，引出苦的主题，形式新颖。

感想

作者用“弃了”“而去”“温软”“冷冰冰”“硬生生”这些词进行对比，突出勾践不图安逸，只谋宏图大志的决心，一系列动作、神态的描写，突出了他卧薪尝胆的意志。

国内有汉奸，国外有强敌，爱国受压迫，救国遭禁止，在这个年头，我们国民有说不出的苦，有说不尽的苦，这苦真要吃不消了。

在这个苦闷的年头，由不得不想起春秋战国时代那一位报仇雪耻、收复失地的国君——越王勾践。

当时越国被吴国侵略，几至于灭亡，勾践气得要命。他弃了温软的玉床锦被不睡，而去躺在那冷冰冰的，硬生生的，二三十根树枝和柴头搭成的柴床上，皱着眉头，咬着牙关，在那里千思万想，怎样救亡、怎样雪耻。

想到不能开交的时候，又伸手取下壁上所挂的那一双黑黄色的胆，放在口里尝一尝。不知道是猪胆还是牛胆，大约总有一点很难尝的苦味罢。

这种卧薪尝胆，不忘国难国耻的精神，真是千古不能磨灭。现在我们民族，已到了生死存亡的关头，正是我们举国上下一致共同吃苦的时期，这个越王勾践发奋救亡图存的史实，不应看做老生常谈，过于平凡，实当奉为民族复兴的警钟，有再提重提的必要。

感想

由尝胆的苦味联系到国情，引出苦的象征意义。

卧薪尝胆，是要尝目前的苦味，纪念过去的耻辱，努力自救，既以免生将来更大的惨变，复可争回民族固有的健康。

但，对于苦味的意义，我们都还没有一番深切的了解吗？

为什么尝一尝胆的苦味，就会影响国家的危弱呢？

这是因为胆的苦味，触动了舌头上的神经，那神经立刻通知大脑，大脑顿时感到苦的威胁了。由小苦而联想到大苦，由小怨而联想到大怨，由一身的不快而联想到一国的大恨，由局部的受侵害而全民族震撼了。胆的味虽小，我们民众，个个都抱着尝胆的决心，那力量是不可侮的。

设问

由尝苦味再次联系国情，解释了舌头尝苦味可以影响国家危弱的原因，激发读者们焕发团结的决心和力量。

大脑分派出的“感觉神经”，在舌头的肉皮下四面埋伏着。那些神经的最前线，叫做“味蕊”，是侦察味之

消息的前哨。这些味蕊的外层有好几个扁扁平平的普通细胞，内层则由 4~20 个有特种职务的细胞，叫做“味细胞”所织成。味蕊不是舌头上处处都有，有的单有一个孤独的味细胞散在各处，也就能知味了。所以味蕊好比一队一队的武装警士，味细胞就好比是单身的便衣侦探了。从口里来往的客货，通通要经过它们的检查盘问呀。

拟人

形象生动地展现了味蕾和味细胞的特点。

运到口里的客货，大部分都是充为食品，那些食品当中，有好有坏，有美有丑，一经味蕊审查，没有不发觉的。虽然，这也不一定十分靠得住。有时，无味而有毒的物品，也可以混过去。何况有美味的食品，不一定就没有毒。又何况有毒的食品，也可以用甜美的香料来装饰，就如我们中国的敌人，一面步步尺尺侵略，一面还要口口声声亲善。倒是胆的味虽苦而无毒，反可以时时刻刻提醒我们雪耻精神，再接再厉地奋斗。

比喻

写出了侵略者为达目的采取各种丑恶手段的丑态。

味的发生，是有味物品和味细胞的胞浆直接接触的结果。

然而干的物品放在干的舌头上面，是没有味的。要发生味的感觉，那物品一定要先变成流体，或受口津的浸润、溶化。这就像民众的爱国观念，须先受民族精神的训练，国际知识的灌溉。没有训练，没有知识的民众，只堪做他人的奴隶、牛马，而不自觉。

感想

通过味的感觉原理，引出民族精神也要有训练，也要有知识的灌溉。

读书笔记

味并不是物品所固有，并不是那物品的化学结构上的一种特性。

味是味细胞的特有情绪，特具感觉，受外物的压迫而发动。

蔗糖、饴糖和糖精，三种物品，在化学结构上大不相同，而它们的味，却都是甜甜的。糖精的甜味，且500倍于蔗糖。

反之，淀粉是与蔗糖一类的东西，反而白白净净，一些味儿都没有。

味又不一定要和外来的物品接触而发生，自家的血液内容，若起了特殊的变化，也会和味发生关系。

糖尿病的人，因为血里面的糖太多，有时终日都觉得舌头是甜甜的。

黄疸病的人，因为胆汁无限制地流入血中，因此成天地舌底卧面都觉得是苦苦的。

举例子

通过两个病例，说明了身体的变化也会引起不同的味觉感知。

有的生理学者说，这些手续，这些枝节，都不是绝对必要的。只须用电流来刺激味的神经，也会发生味的感觉。用阳极的电来刺激，就发生酸味；用阴极的电，就发生苦味。

总之，味的感觉，是味细胞的潜伏着的特性，不去触动它，是不会发作的。

在这一点，味仿佛似一般民众的情绪。不论是国内

的汉奸，或本地的土劣，不论是哪里冲来的敌人，东洋还是西洋，谁叫我们大众吃苦头的，谁就激起了大众的公愤，一律要反抗，一律要打倒。

生理学家又说：味的感觉，虽有种种色色，大半不相同，基本的味，单纯的味，只有四种。哪四种？

一种是糖一般的甜，一种是醋一般的酸，一种是盐一般的咸，一种是胆一般的苦。

分类

通过分类，简练清晰地介绍了四种基本、单纯的味觉。

这四种，再加上香、臭、腥、辣、冷、热、油滑或粗糙，味的变化可就无穷了。这些附加的感觉，都不是味，而味的本身，却为其所影响，而变成混杂的感觉。

所以我们若塞着鼻子吃东西，许多杂味，都可以消除。许多杂味，都是鼻子的感觉，不是我们舌头真正的感觉呀。

孔子在齐国听到了韶乐，有3个月的光阴，不知道肉是什么味。这是乐而忘味，并不是舌头的神经麻木了。舌头的神经，万一麻木，就如舆论不自由，是顶苦的苦情啊！

读书笔记

纯甜，纯酸，纯咸，纯苦，这四种单纯的味，在舌头上，各有各的势力范围，各的地盘。舌尖属甜，舌底属咸，舌的两旁属酸，舌根属苦。

生理学者就各依它们的地盘，去测验这四味的发生所需要的刺激力之最小限度。

研究的结果是，每100立方毫米的清水里面：

盐，只须放0.25克，就觉着咸；

糖，只须放0.50克，就觉着甜；

盐酸，只须放0.007克，就觉着酸；

鸡纳，只须放0.00005克，就觉着苦。

可见我们对于苦，有极大的感觉。我们的舌根，只须极轻微的苦味，已能发觉了。

真的，我们要知苦，还用不着尝胆哩。

这年头，是苦年头，苦上加苦，身家的苦，加上民族的苦。

苦是苦到头了，现在所需要者，是对于苦之意义的认识。要解除苦的羁绊，还是靠我们吃苦的大众，抱着不怕苦的精神，团结起来，努力向前干。

1935年12月20日　上海

列数字

用精确的数字表示舌头对四种基本味刺激力的感受限度，直观清晰。很容易对比出人们对苦是极敏感的。

感想

面对动荡时局，民族越是感到苦，就越是向往美好生活。

感想

用民族的苦，激励劳苦大众团结一致，努力奋斗。

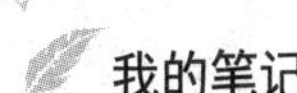

延伸思考

1. 为什么尝一尝胆的苦味，就会影响国家的危弱呢？

2. 人是靠舌头上的哪个器官来知道滋味的？

3. 生理学家认为基本的味有哪四种？

我的笔记

我的收获

佳句欣赏

卧薪尝胆，是要尝目前的苦味，纪念过去的耻辱，努力自救，既以免生将来更大的惨变，复可争回民族固有的健康。

日积月累

卧薪尝胆　救亡图存　老生常谈　再接再厉

触——清洁的标准

文前小问号

职业无高低，人身无贵贱，同为血肉之躯，都会藏污纳垢，都会生老病死。清洁的标准是什么，清洁的方法有哪些呢？

人是什么造成的呢？

设问

开篇用问题引发读者兴趣。

生理学家说：人是血、肉、骨和神经等各种细胞组织而成。

化学家说：人是碳水化合物、蛋白质、脂肪等配制而成。更简单点说，人是糖、盐、油及水的混合物。

先生，太太，娘姨，车夫，小姐，少爷，女工，不论是哪一种人，哪一流人，在科学家眼光看去，都是一样耐人寻味的活动试验品，一个个都是科学的玩具。

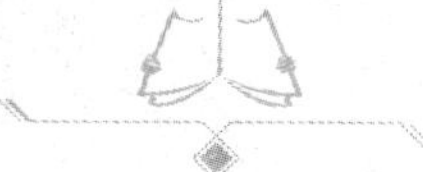

说到玩具，我记起昨天在一位朋友家里，看见了一个泥美人，这个美人，虽是泥造的，而眉目如生，逼煞真人，也许比我所看见过的真的美人还美一分。泥美人与真美人不同的地方，一是没有生命的泥土，一是有生命的血肉。然而表面的一层皮，都是一样的好看，鲜艳可爱。

对比

虽然触摸感觉是不一样的，但视觉上是一样美的。

记得不久之前，我到“新光”去看《桃花扇》，从戏院里飘出来了一位装束时髦的贵妇人，洋车夫争先恐后地抢上去拉生意。那贵妇人，轻竖蛾眉，装出不耐烦而讨厌的样子，呲的一声，急急地和他后面的一个西装革履的男子，跳上汽车走了。我想，那贵妇人为什么这样讨厌洋车夫呢？恐怕都是外面这一层皮的颜色和气味不同的缘故吧！里面的血肉原是一样的啊！

对比

与上段叙述呼应，一种是内里不同，外表一样好看；一种是外表不同，但内里是一样的血肉，借此表达作者的情感，同时引起下文。

同是血肉，不幸而为洋车夫，整天奔跑，挣扎一点钱，买几块烧饼吃还要养家，哪里有闲工夫天天洗澡，有闲钱买扑身粉，以致汗流污积，臭味远播，使一般贵妇人见而急避。

同是血肉，何幸而为贵妇人，一天玩到晚，消耗丈夫的腰包，涂脂搽粉，香闻十里，使洋车夫敢望而不敢近。

现在让我们细察皮肤的结构，看上面到底有些什么。

皮肤的外层是由无数鱼鳞式的细胞所组成。这些皮

肤细胞时时刻刻都在死亡。同时，皮肤的内层，有脂肪腺，时时都在出油，有汗腺，时时出汗。这些死细胞、油、汗，和外界飞来的灰尘相伴，便是细菌最妙的食品。于是细菌，远近来归，都聚集于皮肤毛孔之间，大吃特吃。

这些细菌里面，最常见的为“白葡萄球菌”，占90%，每个人的皮肤上都有，这种细菌，虽寄食于人，而无害于人，但它的气味，却有一点寒酸。

列数字

通过数字，读者清晰地知道人皮肤上的主要细菌为“白葡萄球菌”，它虽无害但气味难闻。

次为“黄葡萄球菌”，占5%。这种细菌可厉害了。它不甘于老吃皮肤上的污垢，还要侵入皮肤内层，去吃淋巴，被微血管里的白血球看见了，双方一碰头，就打起仗来。于是那人的皮肤上就生出疖子，疖子里面有白色的脓液，脓液就是白血球和“黄葡萄球菌”混战的结果。

其他普通的细菌，如“大肠杆菌”“变形杆菌”及“白喉类杆菌”，也有时在皮肤上发现。但是皮肤不是它们的用武之地，不过偶尔来到这里游历而已。

皮肤走了倒运，一旦遇到了凶恶狠毒的病菌，如“丹毒链球菌”“麻风杆菌”“淋球菌”之类，那就有极大的危险，不是寻常的事了。

举例子

为我们科普危害皮肤健康的那些有害细菌。

我们既不能停止皮肤流汗出油，又不能避免它和外界接触。所以唯一安全的办法，就是天天洗澡。然而天

天洗，还是天天脏，细胞还须天天死，细菌还要天天来，何况在夏天，何况不能常洗之人，如洋车夫、小工人等，真是苦了一般体力劳动者了。

感想

大自然给人生存的本领，享受日光就是很好的保健。

虽然，整天地在烈日下奔走劳作的劳动者，袒胸露臂，光着两腿，日光就是他们的保障。日光可以杀菌，他们无时不在日光浴，而且劳动不息，肌肉活泼，血液流通，皮肤坚实，抵抗力甚强。这是他们天然健康美，细菌可吃其汗，而不敢吃其血，所以他们身上，汗的气味虽浓，皮肤病则不多见也。

摩登妇女天天洗濯，搽了多少粉，喷了多少香，蔻丹胭脂，无所不施，然而她能拒绝细菌不时的吻抱么？而且细菌顶喜欢白嫩而柔弱的肉皮，谓其易于进攻也。于是达官贵人的太太、小姐乃至于姨太太，等等，春天也头痛，秋天也心跳，冬天发烧，夏天发冷了。

感想

人何必去争贵贱。同时呼应上文。

这样看来，同是肉皮，何必争贵贱，难道这一层薄薄的皮肤，涂上一些色彩，便算得健康和清洁的标准么？

我们再移转眼光去观察鼻孔、咽喉、口腔以至于胃肠各部的清洁程度。

比喻

形象地写出了鼻孔阻碍灰尘、细菌的方式。

鼻孔的门户永远开放。整天整夜在那里收纳世界上的灰尘，虽经你洗了又洗，洗去了一丝丝的鼻涕，一下子，灰尘携着成千成万的细菌又回来了。在北平，大风一刮，走沙飞尘，这两个鼻孔，更像两间堆煤栈，犹幸

鼻毛是天然的滤斗，把细菌灰尘都挡驾了。这些来拜访的小客人，多半都是“白喉类杆菌”及“白葡萄球菌”。有时来势凶猛，挡不住，被它们冲进去，到了咽喉。

咽喉是入肺的孔道，平时四面都伏有各种细菌，如“八叠球菌”“绿链球菌”及“阴性格兰氏球菌”之类。咽喉把守不紧，肺就危险了。

口腔虽开关自主，而一日三餐，说话之间，危机四伏，睡眠之时，张开大口，尤为危险。从口腔，经胃肠，至肛门，这一条大道，自婴儿呱呱坠地以来，即辟为食品商埠，更进而为细菌殖民地。细菌之扶老携幼，移民来此者摩肩接踵，形形色色，不胜枚举，就中以寄居于大肠里面的“大肠杆菌”，为最著名，足迹遍人类之大肠。

> **拟人**
> 形象地描写了进入人体消化系统中的细菌数量之多，种类之杂，其中最为著名的是“大肠肝菌”。

这些熙熙攘攘的细菌，为摩登妇人所看不见，洗不净，不得不施以香粉，喷以香水，以掩其臭。这是车夫工人与达官贵人的共同点。车夫之肠固无二于贵人之肠也，车夫之屎不加臭，贵人之屁不加香。

然而贵人之食过于精美又不劳动而造成胃弱肠痛之病，车夫粗食，其胃甚强。这点贵人又不如车夫了。

> **对比**
> 通过比较来扣题，清洁的标准更为鲜明。

贵人、贵妇人等，只讲面子，讲表皮上的漂亮、香甜，而内在的坚实、纯洁却让予车夫、工人了。

1935年10月12日

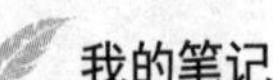

我的笔记

延伸思考

1. 人是什么造成的呢?

2. 人的皮肤上常寄居的细菌有哪些?

3. 保护皮肤，消灭细菌的方法是什么?

我的收获

日积月累

危机四伏　扶老携幼　摩肩接踵

不胜枚举　熙熙攘攘　争先恐后

细菌的祖宗——生物的三元论

?文前小问号

自然之中，有生物链在维持着生态平衡。生物三界是怎样保持动态平衡的？追溯三界各自的祖先又是谁呢？

中国人最尊重的就是祖宗，所以现在我要谈起细菌的祖宗，一定很合你们的胃口，你们听了总不会十分讨厌罢。

感想

由中国人最尊重的祖宗谈起，引发读者对细菌起源的兴趣。开篇点题。

不过，我们中国人从来是重男轻女，所谓祖宗都是指父党而言，和母亲娘家的人是毫无关系的。每逢年节，祭祖扫墓的事不都是纪念父系这边的死人吗？

细菌这生物，不分男女，不别雌雄，就有，也都一律平等，没有什么轻重，所以科学家不论是在显微镜下

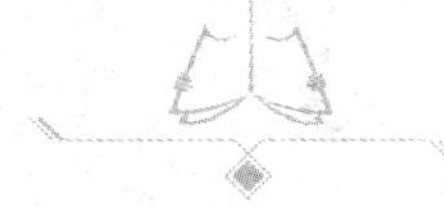

观察，或者是在玻璃器里试验，不知费了多少精神，几许工夫，总不能辨出它们，哪个是公，哪个是婆，哪个是夫，哪个是妇。

疑问

直接提出问题，引起人们的思考。

细菌的祖宗究竟是谁呢?

古今中外的帝王都有年谱。世家也有列传。细菌族里可惜没有族谱，而且从来没有人替它们立传。所以菌族先世的性状并没有记载可寻。

于是生物学者就纷纷议论起来了。

人类和细菌初次会面还不过是260多年前的事。中国人虽常吃香蕈蘑菇，然而这些都是大菌，和细菌无干。

分类

先提出一部分人的观点，再进行解释说明。

有人说香蕈蘑菇之类的大菌便是细菌的祖宗。提出这个意见的人以为小的生物都是从大的生物而来。例如蚂蚁、蜜蜂、蝴蝶、苍蝇以及其他一切昆虫的祖宗，就是古生物时代号称为大海霸王的“三叶虫”。在当时三叶虫的躯体庞大无比，横行水中，水中小鱼小兽见了它都很羡慕，谁想到它后代的子孙，都是那么小小的。

又如龟蛇鳄鱼这一类的动物，它们的祖宗，也曾在大陆上横行过一时，那时代就叫做爬虫时代，那些爬虫，如恐龙怪蟒之类，都是顶大顶可怕的。

就是我们人类的祖宗，原始人的躯体听说也比现代人大了好些。这些不都是生物从大而小的证据吗?

然而有些微生物学者听了这话又大不以为然了。据他们说单细胞生物是多细胞生物的祖宗，而单细胞生物却比多细胞生物小。这样一说，生物的演变，又是由小而大了。

分类 另一部分人认为生物的演变是由小变大的。这与第一种观点形成对比，遥相呼应。

据说最近几十年内，微生物学者又发现了好几种有生命的小东西，小到连显微镜下都看不见，因而称做“超显微镜的生物”。那么，这些超显微镜的生物，是不是细菌的祖宗，而细菌又是不是其他一切生物的祖宗呢？

但是超显微镜的生物，也和细菌一样，也和香蕈蘑菇一样，都不能独立自主地生活，都须寄生于其他生物的身上，这样一说，就都没有做祖宗的资格，因为没有主人不会有客人，没有其他生物之先哪里会有寄生物呢？

这岂不是像细菌这一类的东西，只配做人家的儿孙，不配做人家的祖宗吗？

反问 用反问的修辞强调了细菌不是最先存在者。

生物学者向来强把生物分做两大界：一界是植物，一界是动物。

我以为既分做两界，不如分做三界。另添的一界是菌物，就是指香蕈蘑菇和细菌这一类的东西。

分做两界最大的理由，是因为植物体内有“叶绿素”，靠着这叶绿素的力量，它会利用阳光，将水及二氧

作诠释 对生物学者将生物分做两大界的原因进行说明。读者易于理解。

读书笔记

化碳综合起来变成糖类。动物却没有这个本事，这是动植物两界基本上不同的地方。

其次，就是因为动物能行动自由，不受土地的束缚，而植物则非连根带泥拔出来，就动不得，偶尔身上长有鞭毛或纤毛，然而也只能使局部略略飘动罢了，并不是全身的迁移。

又其次就是因为动物须到处寻找食物，所以具有敏锐的感觉神经，而植物无须仔细去辨别食物，所以并没有像动物那样敏锐的感觉。

最后就是因为这两界的生物的形态大不相同。动物的身体都是缩作一团，上面有一条孔道可通食物，又具有消化器。植物所吃的东西都是气体和液体，这些东西四处都有，又无须经过消化的手续，所以它们的“枝”“干”“叶”“根”都是四面张开。

现在大个子的菌物，如香蕈蘑菇之类，都是附着树干上而生，它们的外貌和植物没有两样，所以生物学者都把它们认作植物，可是它们的内容并没有一点叶绿素。没有叶绿素又怎样配称做植物呢！

排比

很好地说明了细菌无处不在这一客观事实。

至于细菌这一类小小的东西，固然有的也在土中生长，有的也随着空气而飘荡，有的也在水中奔波逐流，有的竟漂泊到动植物身上去，就是你们人类的肚子里也有它们的踪迹，它们身上的鞭毛又很活泼，在液体中游

动起来，真比汽船潜艇还快，这些都充分地表示它们是可以自由行动，并不受土壤的节制。况且它们身上也没有一丝一毫的叶绿素，这样看来应当把它们归于动物一界了。

然而生物学者犹豫了半世纪之久，后来到底因为它们的生活状态极似大菌，终于通过列它们于植物之界了。

细菌族里还有一位螺大哥，它们的形状弯弯曲曲，很像螺丝钉，因为它身上没有鞭毛，靠着它自身一弯一曲的力量，而能飞快地游动，因此有时生物学者又把它拉入动物之界了。

比喻

单独介绍了菌族里一种特殊菌。形象地解释了生物学界把它拉入动物界的原因。

这似乎有点不公平。这是生物学传统的观念，以为生物只能有两界，不是植物，便是动物，只看形式，不顾实际。

分类

简单直接地告诉人们，传统观念将生物分为两界。

植物固然有叶绿素，能自制糖。这糖便是植物自身的食料，但它却是造得太多了，而有过剩，这些过剩的食料便送给动物吃了。

动物因为有消化器，所以能把这些植物所过剩的食料，分解了而又重新综合起来，变成自身组织的结构。若植物只管制造食料，动物只管吞吃食料而没有第三者出来代自然界收回这些原料，以供植物的再取再用，那生物界就有绝食之虞了。

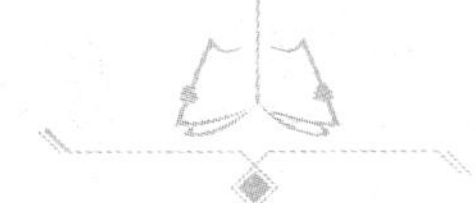

这第三者的工作，就是菌物界的各分子来担任了。

香蕈蘑菇的工作，就是去分解树皮、树干、树枝、树叶这一类坚硬的东西，使它们软化，然后昆虫吃了才能消化。

细菌的工作，就是去分解动物的尸身，把它们变成各种无机物，以供植物直接从土中吸收。

分类

通过科学地分析，总结出生物的循环分为三段。

由此可见生物的循环，是有三大段，第一段是植物的工作，第二段是动物的工作，第三段便是菌物的工作了。

生物既分做三界了，菌族的地位，也就名正言顺，落落大方，不必依傍他物了，于是菌族的祖宗也就有些眉目可寻了。

设问

承上启下，吸引读者。

这些眉目在哪里呢？

我们现在请达尔文先生出来作见证吧。在达尔文先生的《物种起源》里，一切生物的进化程序，可以说都是由简单而复杂。

这样一说，单细胞生物无疑的是多细胞生物的祖宗了。

“阿米巴”是最简单的单细胞动物，于是阿米巴就做了动物界的祖宗了。青苔是最简单的单细胞植物，于是青苔就做了植物界的祖宗了。细菌是最简单的单细胞菌物，于是细菌也就做了菌物界的祖宗了。

这三界是一样的重要，缺一不可，这是生物的三元论。

阿米巴、青苔和细菌是生物的三位“教主”。然则谁是生物的“太上老君”呢？那就渺渺茫茫无从考据了。

感想

总结全文，紧扣主题。

延伸思考

1. 生物的循环，可分为哪三段？
2. 生物三界的的祖宗分别是谁？
3. 《物种起源》是谁的著作？

我的笔记

我的收获

日积月累

名正言顺　落落大方　渺渺茫茫

清水和浊水

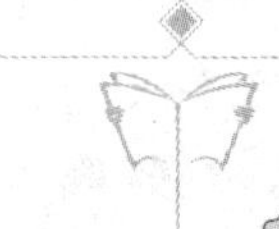

?文前小问号

水是生命之源，三日断水，人就会有生命危险。如此重要的水，来自雨雪冰雹、江河湖海、山涧小溪。那么这些自然界的水对人而言有清浊之分吗?

感想

由抗旱和水灾引出水的主题，直接点明水的重要性。

引用

通过引用，再次强调水对人的重要性。

去年夏天各省抗旱，今年夏天江河泛滥，农民叫苦连天，饿尸遍野，水的问题够严重的了。

伍秩庸先生论饮水说：

“人身自呼吸空气而外，第一要紧是饮水。饮比食更为重要，有了水饮，虽整天的饿，也可以苟延生命。人体里面，水占七成。不但血液是水，脑浆 78% 也都是水，骨里面也有水。人身所出的水也很多，口涎、便溺、汗、鼻涕、眼泪等都是。皮肤毛管，时时出气，气

就是水。用脑的时候，脑气运动，也是出水。统计人身所出的水，每天 75 两[①]。若不饮水，腹中的食物渣滓填积，多则成毒。如果能时时饮水，可以澄清肠脏腑的积污，可以调匀血液使之流通畅达，一无疾病。”这一篇话，自然是根据生理学而谈。于此可见，水的问题对于人生更密切了。

然而，一杯水可以活人，一杯水也可以杀人。水可以解毒，也可以致病。于是水可以分为清水和浊水两种，清水固不易多得，浊水更不可不预防。

分类

通过分类总结引出本文主题。

18 世纪中，英国大化学家卡文迪什在试验氢与氧的合并时，得到了纯净的水。后来法国大化学家拉瓦锡证实了这个试验，于是我们知道水是氢和氧的化合物。这种用化学法来综合而成的水，当然是极纯净极清洁的了。然而这种水实在不可多得，只好用它做清水的标准罢了。

读书笔记

一切自然界的水，多少总含有一些外物。外物愈多则水愈浊，外物愈少则水愈清。这些外物里面，不但有矿物，如普通盐、镁、钙、铁等的化合物之类，还有有机物。有机物里面，不但有腐烂的动植物，还有活的微生物。微生物里面，不但有普通的水族细菌，如光菌、色菌之类，还有那些专门害人的病菌，如霍乱弧菌、伤

① 两：旧制重量单位，1 两等于 50 克。

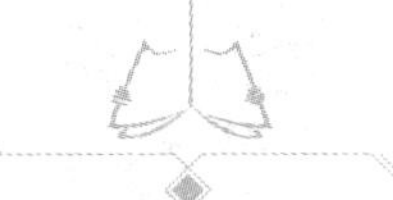

寒杆菌、痢疾杆菌之类。

分类

分类介绍水的来源，让读者清晰明了。

自然界的水的来源，可分为地面和地心两种。地面的水有雨水、雪水、雹、冰、浅井、山泽、江河、湖沼、海洋等。地心的水就是深井的泉水。

列数字

通过数字加对比，读者直观感受到城市中雨水细菌的含量之大。

雨水应当是很干净的了。然而当雨水下降的时候，空气中的灰尘愈多，所带下来的细菌也愈多。据巴黎门特苏里气象台的报告，巴黎市中的空气，每1立方米含有6040个细菌，巴黎市中的雨水，每1升含有19000个细菌。在野外空旷之地，每1升的雨水，不过有一二十个细菌。

雪水比雨水浊，这大约是因为雪块比雨点大，所冲下的灰尘和细菌也较多吧。然而巴斯德曾爬上阿尔卑斯山的最高峰去寻细菌，那儿的空气极清，终年积雪，雪里面几乎是完全无菌的了。

列数字

雹里面的细菌比雨里面的细菌更多，让人震撼。

雹比雨更浊。1901年的7月，意大利拍杜亚地方下了一阵大雹，据白里氏检查的结果，每1升雹水至少有140000个细菌。这或是因为那时空气动荡得很厉害，地上的灰尘吹到云霄里去，雹是在那里结成的，所以又把灰尘包在一起，带回地上了。

冰的清浊，要看是哪一种水结成的。除了冰山冰河以外，冰都是不大干净的啊，因为在冰点的低温度，大多数的细菌都能保持它们的生命啊。

浅井的水，假如井保护得法，或上设抽水机，细菌还不至于太多。若井口没有盖，一任灰尘飞入，那就很污浊了。

山涧的水，不使粪污流人，较为清净，所含的微生物，多是土壤细菌，于人无害，但经一阵大雨之后，细菌的数目立刻增加了好几倍。

江河的水最是污浊，那里面不但有很多水族细菌和土壤细菌，而且还有很多的粪污细菌，这些粪污细菌都有传染疾病的危险呀。粪污何以曾流入江河里面呢？这都是因为无卫生管理，无卫生教育，于是一般无训练的民众都认为江河是公开的垃圾桶，在这一个大错之下，不知枉送了多少性命呀。

湖沼的水比江河为净。水一到了湖就不流了，因为不流，那儿无数的细菌都自生自灭，所以我们说湖水有自动洗净的能力，而以湖心的水比傍岸的水尤为清净少菌。

海水比淡水为净。离陆地愈远愈净。1892 年英国细菌学家罗素在那不勒斯海湾测验的结果，在近岸的海水中，每 1 立方厘米有 7 万个细菌，离岸 4000 米以外，每 1 立方厘米的海水，只有 57 个细菌了。在大海之中，细菌的分布很平均，海底和海面的细菌几乎是一样的多。

由地心涌出的泉水和人工所开掘的深井的水是自然界最清净的水。据文斯洛的报告，波士顿的 15 个自流井，

读书笔记

举例子、列数字

海水离陆地愈远愈净，用列数字的方法来说明，便于对比。

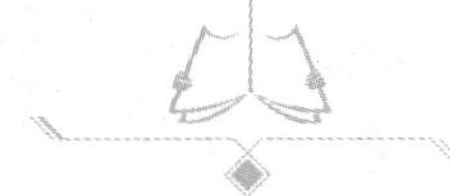

平均每1立方厘米只有18个细菌。水清则轻，水浊则重。清高宗曾品过通国之水，以质之轻重，分水之上下，乃定北平海淀镇西之玉泉为第一。玉泉的水有没有细菌，我们没有试验过，就有，一定也是很少很少的了。

感想

水的清浊与外界有关，但人就不同了，因为人对外界有辨识能力，对自身有把控能力。

水的清浊有点像人，纯洁的水是化学的理想，纯洁的人是伦理学的理想，不见世面，其心犹清，一旦为社会灰尘所熏染，则难免不污浊了。

类比

假清水、假君子比真浊水、真小人更难以辨别，且假君子危害更大。

清水固然可爱，然而有时偶尔含有病菌，外面看去清澈无比，里面却包藏祸心，这样的水是假清水，这样的人是假君子，其害人而人不知，反不如真浊水真小人之易显而人知预防。而且浊水，去其细菌，留其矿质，所谓硬性的水，饮了，反有补于人身哩。

化学工作上，常常需要没有外物的清水。于是就有蒸馏水的发明，一方将浊水煮开，任其蒸发，一方复将蒸汽收留而凝结成清水。这种改造的水是很清净无外物的了。

医学上用水，不许有一粒细菌芽孢的存在。于是就有无菌水的发明。这无菌水就是将装好的蒸馏水放在杀菌器里，将水内的细菌一概杀灭。这样人工双重改做过的水，是我们今日所有最纯净的清水了。

反问

通过浊水变清水，引人思考，在结尾处升华全文。

浊水还可以改造为清水，人呢？

1935年8月10日

延伸思考

1. 人的身体里水占多少？

2. 水含有的外物都是什么？

3. 自然界的水的来源分为哪两种？

我的笔记

我的收获

佳句欣赏

水的清浊有点像人，纯洁的水是化学的理想，纯洁的人是伦理学的理想，不见世面，其心犹清，一旦为社会灰尘所熏染，则难免不污浊了。

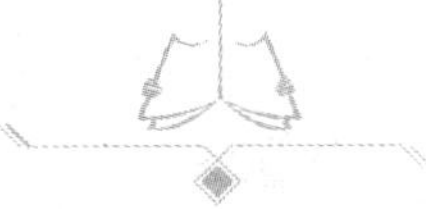

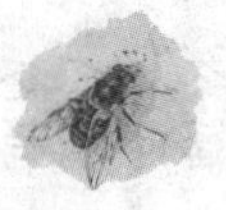

细菌学的第一课

文前小问号

人总是对第一次做某件事印象特别深刻，那么令人印象深刻的细菌学的第一课都发生了什么呢？

感想

开篇介绍了作者写文的起因。

《读书生活》的编者要我写一篇生活记录。我想一想，我过去生活，自己以为最值得写出来的，还是在美国芝加哥大学研究细菌学的那几年。但是若都把它记录出来，要成一部书。所以只拣出第一天上细菌学的第一课时的情景，一一追述，比较浅显而易见，使读书好像也站在课堂和实验室的门口，或踮着脚尖儿站在玻璃窗前面，望望里面，看看有什么好看，听听讲些什么，也不至于白费这一刻读书工夫罢了。关于细菌学，我已在《读书生活》第二卷第二期起，写过一篇《细菌的衣食

住行》。此后仍要陆续用浅显有趣的文字，将这一门神秘奥妙的科学，化装起来，不，裸体起来。使它变成不是专家的奇货，而是大众读者的点心兼补品了。细菌学的常识的确是有益于卫生的补品，不过要装潢美雅，价钱便宜，而又携带轻便，大众才能吃，才肯吃，才高兴吃，不然不是买不起，就是吃了要头痛胃痛呀！

感想

作者明确了写作的目的——让普通大众都能了解细菌，从而保护健康。

立克馆在芝加哥大学，是美国最老的细菌学府，是人类和恶菌斗争的一个总参谋机关。

1926 年的夏天，那天我正在立克馆第七号教室，上细菌学的第一课，同班只有两个美国哥儿，两个美国小姐，一个卷发厚唇的美洲黑人，连我共 6 人。大家都怀着新奇的希望，怀着电影观众紧张的心理，心里痒痒地等候着铃声。铃声初罢，一位戴白金丝眼镜的人，穿着白色医生制服，踏着大学教授的步子进来了，手里还抱着一大包棉花。

外貌描写

对教授这个人物的描写和介绍，让人不禁产生一种期待。

“细菌学是一个新生的科学婴孩呀……250 年以前有一位列文 · 虎克先生，列文 · 虎克先生是荷兰人呀，他顶会造显微镜，他造的显微镜比别人都好呀……巴斯德先生看见一个法国小孩子被疯狗咬了，心里很难过……柯赫先生发现了结核杆菌，德国的民众都欢天喜地，全欧洲都庆贺他，全世界都感激他……现在日本有一位野口博士亲自到非洲去，得了黄热病，就拿自己的血来试

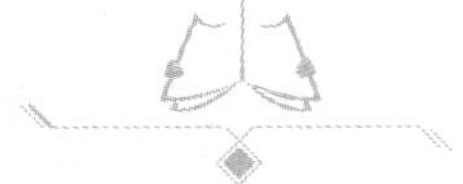

验……我们立克馆的馆长——左当博士也是一个细菌学的巨头，没有他和他的同事的努力，巴拿马运河是建不成功的呀；没有他，芝加哥的水仍会吃人的呀……”他娓娓动人地说了一大篇。

“现在我要教你们做棉花塞。”他一边解开棉花一边换一个音调继续说。“棉花塞虽是小技，用途很大，我们所以能寻出种种病原菌，它的功劳就不小，初学细菌学的人第一件要先学做棉花塞。原来棉花有两种：一种好比海绵，见了水就淋淋漓漓的湿做一团；一种好比油布，沾一点水不至全湿。我们要用第二种。拿一些这种不透水的棉花，捏做一丸，塞进玻璃管便可划分成了内外两个世界，七分塞进里面，不松不紧，外界的细菌不得进去，内界的细菌不得出来。若把内界的细菌用热杀尽，内存的食品就永远不臭不坏。”说到这里他将棉花分给我们6个人各自练习。此时窗外热气腾腾，窗内热汗滴滴，我一面试做棉花塞，一面品味白衣教授的话。

我们每人都塞满了一篮的玻璃瓶试管了。接着他就吩咐我们每人都去领一只显微镜，再到第十四号实验室里会齐。

我刚从仪器储藏室的小柜台口领到一件沉重的暗黄色木箱子，一手提嫌太重，两手提嫌太笨，后来还是两手分工轮流着提。回到了立克馆，出了一身汗，进了第

感想

大道至简，作者用一大段说明了细菌学的重要作用与意义。学习细菌学，要从最简单的入手，就像达·芬奇画鸡蛋，都得打牢基础。通过文字也看出作者对细菌学很有兴趣。

感想

细致地写出了作者初学时的专注与认真。

动作描写

作者细致地写了学习时的状态。学术研究是需要专注与严谨的。作者是多么珍视这个重要的学习机会啊！

十四号实验室，看到同班人都穿了白色制服，坐在那长长的黑漆的试验桌前面，有的头在俯着看，有的手在不停地擦拭，每一位桌上都装有一个电灯和一个自来水龙头。我也穿了白衣，打开我的木箱子，取出一件黑色古董，恭恭敬敬地把它放在桌上。

这时候进来了一个矮胖子，神气不似教授，模样不似学生，也穿着白色制服，手里捧着一个铁丝篮，篮里装满了有棉花塞的玻璃试管，跟着他的后面的就是那位白衣教授。

我也不顾他们了，醉心地玩弄我的黑色古董。那黑色古董，远看有点像高射炮，近看以为是新式西洋镜。上面有一个圆形的抽筒可以升降；中间有一个方形的镜台可以前后摇摆左右转动；下面是一个铁蹄似的座脚，全身上下大大小小共有六七个镜头；看起来比西洋镜有趣多了。忽然从我的左肩背后伸过来一双毛手，两指间夹着一个有棉花塞的试管，盛着半管的黄汗。

“请你抽出一点涂在玻璃片上，放在镜台上看罢。”这是白衣教授的声音，于是我就照着他所指导的法子，一步一步地去做。

“这是像一串一串的黑珠呀。”我用左眼，又用了右眼，一边看一边说。

“我看的这一种像葡萄呀。”一位鹰鼻子美国哥儿

读书笔记

比喻

通过对黑色古董的描写，引发读者兴趣。

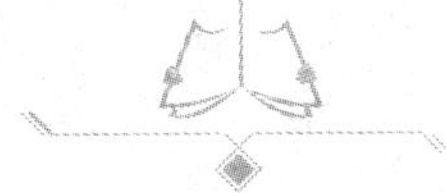

的声音。

“我所看的像钓鱼的竹竿。”黑人说。

“这有点像马铃薯呀。”那位金黄头发的小姐说。

“我的上帝呀！这像什么呢？”我隔壁那位戴眼镜的美国哥儿忽然立起来对我说，“密司脱高，请你看看，这一种细菌东歪西斜不是很像中国字吗？”

语言描写 强调了中国汉字的特点，也表现了作者的爱国之情。

“这倒像你们西洋人偶尔学写中国字所写的样子哩，我们中国字是方方正正没有那么歪歪斜斜呀。”我看了一看就笑着说。

还有一位美国小姐没有作声，忽然啪嚓一声她的玻璃片碎了。于是白衣教授就走近她的位子郑重地说：“我们用显微镜来观察细菌的时候，要先将那抽筒转到最下面至与玻璃片将接触为止，然后，在看的时候，慢慢地由低升高，切不可由高降低，牢记这一点道理，玻璃片就不至于破碎，镜头也不至于损坏了。”

语言描写 教授郑重的语言表述，给读者也科普了一下显微镜的使用方法。

那位小姐点着头，红着脸，默默地收拾残碎的玻璃片。

看过了细菌，白衣教授又领了我们6人出了实验室，走不到几步便闻见一阵烂肉的臭气，夹着一种厨房的气味，刚推开第十八号的一扇门，那位矮胖子又出现了，正坐在那大大长长粗粗的黑桌子旁边，左手里握着4只玻璃试管，右手的大二两指捏着长圆形的玻璃漏器下面

的夹子，一捏一捏的，黄黄的肉汁，就从漏器中泻到那一只一只的试管里面。他的动作很快，很纯熟，满桌满架上排着的尽是玻璃管，玻璃瓶，玻璃缸，玻璃碟，或空或满，或污或洁，大大小小，形形色色，更有那一筒一筒的圆铁筒，一篮一篮的铁丝篮，一包一包的棉花，和其他零星的物件，相伴相杂。满房里充满了肉汁和血腥的气味。

举例子

详细写出了桌上的物件，再现了当时多而繁杂的摆设场景。

“这一个大蒸锅里面煮的是牛肉汤”，白衣教授指着另一张桌上一只大铜锅，锅底下面呼呼地烧着大煤气炉，“牛肉汤加上琼脂（琼脂是一种海草，煮化了会凝结成一块）就变成牛肉膏，再加上糖变成蜜饯牛肉膏，又甜又香又有肉味，此外还预备有牛奶、鸡蛋、牛心、羊脑、马铃薯，等等，这些都是上等补品。我们天天请客，请的是各处来的细菌，细菌吃得又胖又美，就可以供我们玩弄，供我们试验了……”

拟人

把细菌当成人来写，语言诙谐幽默。

他没有说完，在他背后那个角落上，我又发现了一个新奇庞大长圆形横卧在铁架上的一个黄铁筒，仿佛火车头一般，上面没有那突出的烟筒和汽笛，但有一个气压表、一个寒暑针、一个放气管插在上面，筒口有圆圆的门盖，半开半闭，里面露出一只装满了玻璃试管的铁丝篮。后来他告诉我们这是“热压杀菌器”，用高压力的蒸汽去杀尽细菌。

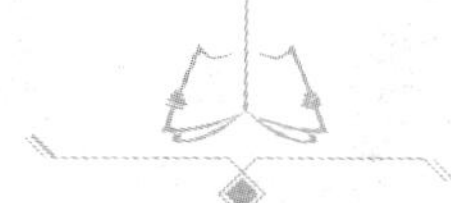

感想

想想都让人难以接受。科学研究真是需要毅力与精神啊！

他推开后面那一扇门，让我们一个个踏进去。不得了，这里有动物的臭气腥味冲进鼻子里。一阵猫的尿气，一阵老鼠的屎味，一阵兔毛拌干草的气味，若不是还有一阵臭药水的味，鼻子就要不通气了。这里有更多更大的铁丝篮，整齐地分为两旁，一层一层一格一格地排着，每篮都有号数。篮中的动物看见我们走近，兔子就缩头缩耳地往后退却，猴儿就张着眼睛上下眺望，猫儿就伸出爪，小白老鼠东窜西窜，还有那些半像猪半像鼠的天竺鼠正吃萝卜不睬我们哩。

语言描写

借助教授的语言，我们知道人类通过小动物们来研究病菌。我们对它们的牺牲要心存感激。

“这些动物都是人类的功臣，”那教授又扬起声音说了，“代我们病，代我们死，病菌生活的原理，都是用它们来查的啊。我们天天忙着，不是山羊抽血，就是豚鼠打针，不是老鼠毒杀，就是兔子病死，不是猫儿开刀，就是猴子灌药，手段未免过辣，成效却非常伟大，现代医学的进步不知牺牲了多少这些小畜生啊！……”

他说完了，又引我们看了后面的羊场。一只大母羊三只小山羊见了我们拔腿就跑。

场景描写

爱丽斯街上的场景描写，表现了一种欣然自得的生活氛围，也表达了作者上完这节课后的愉悦心情，尤其最后一句，更表达出作者对这门课产生了浓厚的兴趣。

出来我们又参观了冰箱和暖室，他又指示我们每人的仪器柜和衣服柜，我们就把木箱子的古董锁在仪器柜里面，脱了白衣锁在衣服柜里面。此时，开始时的臭味腥气都被新奇的幻想所冲散了。

出了立克馆就是爱丽斯街，街上来来往往都是高鼻

子的男女学生，唱着歌儿，呼着哈罗，说说笑笑，嘻嘻哈哈的，夹着书本，迈着大步走。我也夹杂在其间，心里在微微地笑，一步一步都欣然自得，像哥伦布发现了新大陆。

延伸思考

1 作者是在哪所大学研究细菌学的？

2. 初学细菌学的人第一件要先学做什么？

3. 在研究细菌过程中，代我们病，代我们死，用来查病菌生活原理的是什么？

我的收获

佳句欣赏

出了立克馆就是爱丽斯街，街上来来往往都是高鼻子的男女学生，唱着歌儿，呼着哈罗，说说笑笑，嘻嘻哈哈的，夹着书本，迈着大步走。我也夹杂在其间，心里在微微地笑，一步一步都欣然自得，像哥伦布发现了新大陆。

我的笔记

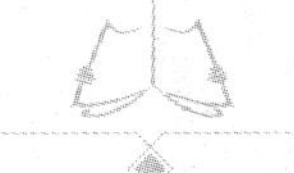

毒菌战争的问题

文前小问号

和平是人类永恒的主题，战争却从未在世界上消失。长枪、大炮、战舰、飞船都是可视的武器，那么看不到的毒菌又是怎样屠杀人类的呢?

感想

想想侵华战争时期的细菌实验战，想想当时受残害的同胞，我们真是对毒菌战深恶痛绝。

对比

通过对比，写出了作者对毒菌战争的愤慨。

东非的炮声没有停，华北已经流了血，莱茵河的杀气腾腾，太平洋的阴风惨惨，战神的列车就要开到了，他的宣传队正在四处活动。

在这风云紧急的当儿，又传来了一个惊人的消息：

这一次世界大战，各交战国要请毒菌来助战了!

帝国主义者也要散布毒菌来消灭我们吗?

这真是科学的耻辱，人类的大不幸。

这在侵略者，是极端的残酷，在被压迫者，是无限

的悲哀。

弱小的民族们，认清吧！

这是告诉我们，列强的军事野心家，投降了微生物界，勾结了苍蝇、疟蚊、鼠蚤、臭虫，作了恶菌的前驱、内应，而出这人类自杀的毒策。

这些要想利用毒菌战争的人，简直就是人类的汉奸，就是“人奸”。

毒菌，穷凶极恶的毒菌，在过去人类的历史，就有不少惨痛的伤痕，全人类几乎被它们灭亡了好几次。

穷凶极恶的“鼠疫菌”，人类最可怕的恶敌，欧洲14世纪黑死病的恐怖，就是由它行凶，印度在20年之间给它害死了1025万人。

列数字 说明毒菌战争的危害非常大。

穷凶极恶的“霍乱菌”，单在19世纪中，就有六次扫荡了全世界；不到1个月的工夫，伦敦一市有4000具死尸，巴黎一市有死尸7000具。

穷凶极恶的“流行性感冒菌”，在1918~1919年几个月的期间所杀死的人，比欧战4年间所死的还要多。

还有其他穷凶极恶的毒菌，有急性的，有慢性的，都不断地向人类进攻。我们的一生，有哪一刻不受着它们的威胁呢？

反问 表达强烈的语气，指出毒菌无时无刻不在威胁着我们的安全。

然而现在的毒菌的威风已经稍煞了。

这自然是科学家的功劳。

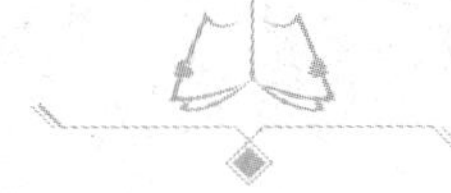

科学的精神是国际合作。科学家是不论国籍，不分国界，而肯牺牲一切，共向人类幸福的前程，努力迈进。

不料，从第一种毒菌“炭疽杆菌”的发现以来，才有60年，防御和救治传染病的方法，还没有完全成功，现在竟有这样黑心眼的人，妄想把毒菌当战器，来屠杀自己的同类了。

这不是科学界最矛盾、最沉痛的一件事吗？

这样的人在法国，就对不起巴斯德；在德国，就对不起柯赫；在英国，就对不起李斯德；在日本，就对不起野口博士。野口博士为了研究黄热病，而牺牲了自己的性命，是值得我们推崇的一位日本科学家。

在同一国度里，出了为人类而不惜牺牲了自己的科学家，又出了为自己而不惜毁灭了人类的军阀。

这是不足为怪的。这是帝国主义者的老把戏。

科学落伍的中国，从前似乎也曾发明了火药。这在我们不过是拿来作鞭炮之类的玩意。一到了白种人的手里，就变成了大炮和炸弹。甚而至于宗教、教育、医院之类的事业，一一都可以做成侵略的工具。而现在更有这种杀人不见血的毒菌，更来得简便了。

然而，毒菌的种类既多，它们攻入的法子，也各有花样，各有一定的途径，也须遇着种种机缘，打破重重

排比

通过层层排比，最后引出为研究攻克毒菌而牺牲的日本科学家。再次表达对妄想把毒菌当战器的帝国军阀的愤慨。

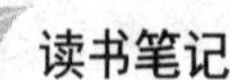

读书笔记

难关，断不是随随便便，瞎碰瞎干，就可以杀倒一个比它大了好几百万倍的人呀！

攻人的毒菌，现在已经发现的，大约有六十几种之多吧？它们都是细菌世界里的流氓，到处潜伏。人家的身体偶尔着了凉，它们就趁冷打劫。体虚质弱的人，更容易受它们的欺侮了。

它们打倒了一个病人，就拿他作为临时的根据地。就由那病人，在谈话握手的时候，传染给别人。或由那病人所用的茶杯、手巾、钱币、书籍、衣服，如此等等的物件，传染起来。

比喻

让大家重视身体健康，以免受毒菌侵袭。

它们尚且以为这是太费事了。因为每次要寻到有得病的资格的人，一定要在他疏忽的时候，吃了些没有煮熟的食物，喝了些生冷的水，它们才得以混进去，到肚肠里去。

从鼻孔里进去吧？那又得等到天气突然转冷的交关，灰尘飞扬的时候，人群拥挤的场所，就是冲进了鼻毛的后面，也还有别的问题哩。

于是这些毒菌呀又想利用昆虫作战了。有的挂在苍蝇脚下，有的伏在蚊子口里，有的藏在跳蚤身上，有的躲在臭虫刺边，都恨不得立刻就钻进人的体内去，人的血管里面去，去吃那香喷喷的血。

排比

通过列举式的排比，突出毒菌无处不在。

可是到了人血里以后，又遇着两个小冤家，要和它

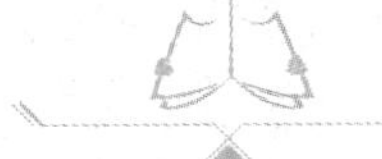

们厮打。一个是白血球，一个是抗体。

分类

让读者了解毒菌杀人的两种原理。

原来毒菌杀人的武器，是有两种的：一种是专靠自己生殖快，菌众多，硬把血管冲破，血素吃光，伤寒菌就是这一例。一种是盘踞在人身的一个角落里，而不停地分泌毒汁，使人全身中毒而死，白喉菌就是这一例。

因此人血里的抗体，也有两种：一种是抗菌，一种是抗毒。

要打破这些难关，才能杀倒一个人。不然，若毒菌容易得胜，人类早已灭亡了。

一个大时疫的流行，自有它特殊的原因，特殊的气候，特殊的环境，合着而造成的。现代世界卫生事业的进步，这恐慌已经减少了。

现在，军事的妄想家，却要利用毒菌来助战了。

疑问

让每个人都积极思考。

这就是说，要在敌国造成人工的时疫。可能吗？我也曾替他们细细地设想。

选出最凶最毒的菌种，大量地培养起来，装入特制的炸弹里面，从飞机上投下去吧。

投到对方的战地去，投到对方的街市去，使这些毒菌，毛毛雨一般，满天满地地飞舞。然而，这时候，敌方如果早有准备，只须每人一条消毒的纱布，罩住了鼻子，也就安然度过了。

在江河湖沼里，在自流井饮水池里，秘密散布毒菌吧。然而，这时候，敌方如果有卫生的训练，不去喝生冷的水，只喝些开而又开的水，那么，那些毒菌只好静候着时间的淘汰了。

还有别的法子想吗？

有。可以组织病人敢死队，送有传染性的病人到前线去。可以从飞机上掷下无数的苍蝇，苍蝇不足，继之以蚊子、臭虫、跳蚤、壁蚤、死老鼠之类的“疫媒”。

设问

再次将思考引向深入，同时突出毒菌战的可怕。

这似乎是可笑，而其实是可怕。

战争本是盲目的行动，何况帝国主义者一心残酷，无毒不使，样样做得出。可怜的只是我们不讲卫生的古国，在平时，一般民众，就没有卫生训练，预防传染病的常识；到了战时更是手忙脚乱了。

毒菌战争，不过是玩传染病的把戏，我们若揭穿了那把戏的内幕，也就无须恐慌了。

然而，可怕的是，战争即使没有利用毒菌，毒菌却反利用了战争，造成了它们流行的机会。大战之后，必有大疫。欧战死亡的统计，死于枪炮火之下的占少数，死于疫病的占多数。

举例子

大战之后，必有大疫。用欧战死亡人数的例子，来提醒人们要时刻注意毒菌这家伙啊！

而且，在平时，世界各国对于时疫，都有严密的检查与管理，一旦大战发生，不免废弛放纵，那流祸是不可胜言的。

这是一件严重的事实。不论大战什么时候才来，我们大众对于毒菌这家伙，都亟待注意啊！

1936 年 3 月 16 日

我的笔记

延伸思考

1. 人血里的抗体有哪两种？

2. 毒菌杀人的武器有哪两种？

3. 把什么当武器来屠杀人类，是人类最卑鄙、残酷的事？

我的收获

佳句欣赏

科学的精神是国际合作。科学家是不论国籍，不分国界，而肯牺牲一切，共向人类幸福的前程，努力迈进。

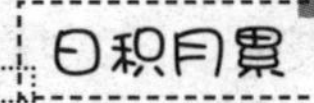

日积月累

杀气腾腾　阴风惨惨　穷凶极恶

科学趣谈：细胞的不死精神

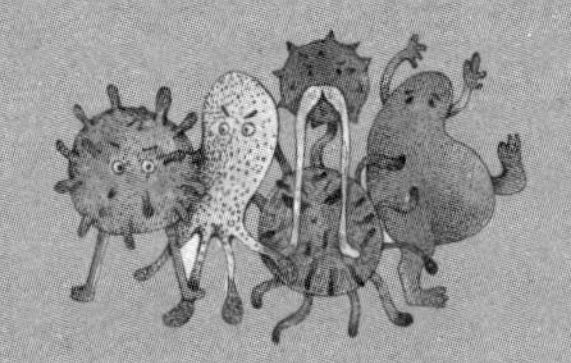

细胞的不死精神

文前小问号

死亡与永生，这个问题，还没有答案。无生命的钟摆，经人手的一拨再拨，尚且永远不会停止；有生命的东西，为什么就会死亡呢？究竟有没有永生的可能呢？

滴答滴答……滴答又滴答。

壁上挂钟的声音，不停地摇响，在催着我们过年似的。

不会停的啊！若没有环境的阻力，只有地心的吸力，那挂钟的摇摆，将永远在摇摆，永远滴答滴答。

苹果落在地上了，江河的潮水一涨一退，天空星球在转动，也都为着地心的吸力。

感想

大自然总是藏着无穷的奥秘，不断引发人们思考。通过思考钟表的滴答、苹果的落地、江河潮水的涨退、天空星球的转动，大科学家牛顿发现和总结了地心引力。

这是18世纪，英国那位大科学家牛顿先生告诉我们的话。

但，我想，环境虽有阻力，钟的摇摆，虽渐渐不幸而停止了，还可用我的手，再把发条开一开，再把钟摆摆一摆，又滴答滴答地摇响不停了。

再不然，钟的机器坏了，还可以修理的呀。修理不行，还可以拆散改造的呀。

我们这世界，断没有不能改良的坏货。不然，收买旧东西的，便要饿肚皮。

钟摆到底是钟摆，怕的是被古董家买去收藏起来，不怕环境有多么大的阻力，当有再摇再摆的日子。

地心的吸力，环境的阻力，是抵不住，压不倒，人类双手和大脑的一齐努力抗战啊。你不看，一架一架、各式各样的飞机，不是都不怕地心的吸力，都能远离地面而高飞吗？

这一来，钟摆仍是可以滴答滴答地不停了。也许因外力的压迫，暂时吞声，然而不断地努力，修理，改造，整个滴答滴答的声音，万不至于绝响的啊！

无生命的钟摆？经人手的一拨再拨，尚且永远不会停止；有生命的东西，为什么就会死亡？究竟有没有永生的可能呢？

死亡与永生，这个切身的问题，大家都还没有得到

读书笔记

反问

通过反问表达肯定的语气，说明人们早已克服地心引力而能在天空飞翔了。

对比

提问加对比，引起读者阅读的兴趣。

一个正确的解答。

在这年底难关大战临头的当儿，握着实权的老板掌柜们，奄奄没有一些儿生气，害得我们没头没脑，看见一群强盗来抢，就东逃西躲，没有一个敢出来抵抗，还有人勾结强盗以图分赃哩。真是1935年好容易过去，1936年又不知怎样。不知怎样做人是好，求生不得，求死不能，生死的问题愈加紧迫了。

然而这问题不是悄悄地绝望了。

我们不是坐着等死，科学已指示我们的归路、前途。

我们要在生之中探死，死里求生。

生何以故会生？

生是因为，在天然的适当环境之中，我们有一颗不能不长，不能不分的细胞。

细胞是生命的最小最简单的代表，是生命的起码货色。不论是穷得如细菌或阿米巴，一条性命，也有一粒寒酸的细胞，或富得像树或人一般，一身也不过多拥几万万细胞罢了。山芋的细胞，红葡萄的细胞，不比老松老柏的细胞小多少。大象、大鲸的细胞，也不比小鼠小蚁的细胞大多少。在这生物的一切不平等声浪中，细胞大小肥瘦的相差，总算差强人意吧。

这细胞，不问他是属于哪一位生物，落到适合于他

设问

由为何会生，引出人体细胞不断地一分为二的功能。

读书笔记

生活的肉汁、血液，或有机的盐水当中，就像磁石碰见着铁粉一般地高兴，尽量去吸收那环境的滋养料。

吸收滋养料，就是吃东西，是细胞的第一个本能。

吃饱了，会涨大，涨得满满大大的，又嫌自己太笨太重了，于是不得不分身，一分而为二。

分身就等于生孩子，是细胞的第二个本能。

比喻

很形象、很通俗地写出了分身的本能和意义。

分身后，身子轻小了一半，食欲又增进了。于是两个细胞一齐吃，吃了再分，分了又吃。

这一来，细胞是一刻比一刻多了。

生物之所以能生存，生命之所以能延续下去，就靠着这能吃能分的细胞。

然而，若一任细胞，不停地分下去，由小孩子变成大人，由小块头变成大块头，再大起来，可不得了，真要变成大人国的巨人，或竟如希腊神话中的擎天大汉，或如佛经中的须弥山王那么大了。

为什么，人一过了青春时期，只见他一天老过一天，不见他一天高大过一天呢？

疑问

提出了人类固有的，也是大家都好奇的问题，吸引读者进一步阅读。

是不是细胞分得疲乏了，不肯再分哪？有没有哪一天哪一个时辰，细胞突然宣告停业了倒闭了呀？

细胞的靠得住与靠不住，正如银行商店的靠得住与靠不住，不然，人怎么一饿就瘦，再饿就病，久饿就死呢？不是细胞亏本而招盘么？那么，给它以无穷雄厚

的资源，细胞会不会超过死亡的难关，而达于永生之域呢？

这是一个谜。

这个谜，绞尽了几十个科学家的脑汁，费光了好几位生理学者的心血，终于是打破了。

> **感想**
>
> 这真是个谜，但终于还被打破了，一下子就吸引了读者继续读下去。

1913那一年，有一天，在纽约，在那一所煤油大王洛氏基金所兴建的研究院里，有一位戴着白金眼镜的生理学者，葛礼博士，取出一小块鲜红的心肌肉，投入丰美的滋养汁中，放在一个明净的玻璃杯里面。立刻下了一道紧急戒严令，长期不许细菌飞进去捣乱，并且从那天起，时时灌入新鲜的滋养汁，不使那块心肌肉的细胞有一刻饿。

自那天起，那小小一块肉胚，每过了24个钟头，就长大了一倍，一直活到现在。

前几年，我在纽约城，参观洛氏研究院，也曾亲见过这活宝贝，那时候已经活了16年了，仍在继续增长。

> **感想**
>
> 太神奇了，科学真的能让不可能变为可能。

本来，在鸡身内的心肉，只活到一年，就不再长大了。而且，鸡蛋一成了鸡形，那心肉细胞的分身率，就开始退减了。而今这个养在鸡身以外的心肉细胞，竟然已超过了死亡的境界，而达到永生之域了。至少，在人工培养之中，还没有接到它停止分身的消息啊！

感想

细胞真是伟大啊！居然可以拥有长生不死的精神与力量。但为什么人还要死亡呢？

读书笔记

葛礼博士这个惊人的实验证实了细胞的伟大。

细胞真可称为仙胞，他有长生不死的精神与力量。只可惜为那死板板的环境所限制。一颗细胞，分身生殖的能力虽无穷，恨没有一个容纳这无穷之生的躯壳，因而细胞受了委屈，生物都有死亡之祸了。

说到这里，我又记起那寒酸不过，一身只有一粒细胞的细菌。他们那些小伙伴当中，有一位爱吃牛奶的兄弟，叫做“乳酸杆菌”。当他初跳进牛奶瓶里去时，很显出一场威风，几乎把牛奶的精华都吃光了。后来，谁知他吃得过火，起了酸素作用，大煞风景了。因为在酸溜溜的奶汁里，他根本就活不成。

这是怪牛奶瓶太小，酸却集中了。设使牛奶瓶无限大，酸也可以散至“乌有之乡”去。那杆菌也可以生存下去了。

这是细菌的繁殖，也受了环境的限制。

环境限制人身细胞的发展，除了食物和气候而外，要算是形骸。

形骸是人身的架子，架子既经定造好了，就不能再大，不能再小，因而细胞又受着委屈了。

据说限制人身细胞的发展，还有“内分泌”咧。

内分泌，这稀奇的东西，太多了也坏事，太少了也坏事，我们现在且不必问它。

有人说中国的民族老了，中华民族的内分泌，一半变成汉奸，一半变成不抵抗的弱者，把中国的细胞都搅得粉粉散散了。

中华民族的生存，也和细胞一样，受着环境的威胁了。内有汉奸的捣乱，不抵抗的弱者的牵制，外有强敌的步步压迫，已到了生死存亡的关头了。

然而民族是有不死的精神和斗生的力量。

中华民族固有的不死精神，和潜伏的斗生力量，消沉到哪里去了？还不跳出来！

我们要打破“由命不由人”这个传统的糊涂意识。科学已指示我们，环境的阻力，可以一一克服。我们民族的命运，还在我们民众自己手里。全体中华民众团结起来，武装起来，奔腾怒吼起来，任何敌人的飞机、大炮都要退避。

就是敌人已经把我们国家拉上断头台去，我们民众还可一声呐喊，大劫法场啦！

用人手一拨，钟摆可以不停。

用人工培养，细胞可以永生。

集合民众力量，一致抗敌，自力更生，自力斗生，中国不亡！

感想

字字句句充满了对汉奸的痛恨，对不抵抗的弱者的愤慨，对危难之中的中国的担忧与热爱。

设问

由细胞长生不死的神奇实验，引出民族也要激发出固有的不死精神和民族气节，打破“由命不由人”的意识。再次将文章主题进行了升华。

感想

用自然规律告诉人们，只要团结起来，中国就是永生的。这是对中国人民的召唤，充满了强烈的爱国热情。

我的笔记

延伸思考

1. 什么是生命最小最简单的代表单位？

2. 生物之所以能生存，生命之所以能延续下去，靠的是什么？

3.1913 年，纽约的生理学者谁发现了细胞有不死精神？

我的收获

佳句欣赏

就是敌人已经把我们国家拉上断头台去，我们民众还可一声呐喊，大劫法场啦！

用人手一拨，钟摆可以不停。

用人工培养，细胞可以永生。

集合民众力量，一致抗敌，自力更生，自力斗生，中国不亡！

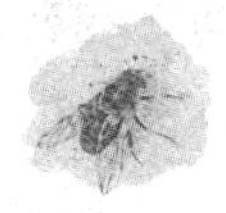

民主的纤毛细胞

?文前小问号

纤毛细胞和肌肉细胞都是人身劳动的主要工具，是生命最活泼的机器。那么微小的纤毛细胞分布在哪里，有什么特点呢？

为了要写一篇科学小品，我的大脑就召集全身细胞代表在大脑细胞的会议厅里面，开了一次紧急会议，商讨应付办法。纤毛细胞和肌肉细胞的代表联名提出了一个书面建议，在那建议书上，他们提出了一个题目，就是："纤毛细胞和肌肉细胞"，他们的理由是：纤毛和肌肉都是人身劳动的主要工具，都是生命的最活泼的机器，应该向广大中国人民作一番普遍的宣传。

拟人

开篇用拟人的方法写出了"绞尽脑汁"的场景，幽默生动。

我的大脑细胞就说："本细胞不是生理学专家，虽然

也曾在医科大学的生理学讲堂里听过课，并且曾在生理学的试验室里跑来跑去过，但这是很久以前的事了。因此对于生理学的记忆是十分模糊的。”

拟人

继续用拟人的方法形象地引出下文要描写的细胞，自然生动。

经过大家讨论之后，就决定由大脑的记忆区里面选出几位代表，会同视觉和听觉的代表，坐回忆号的轮船到微生物的世界里去访问微生物界的几个特殊的细胞，征求他们的意见。

首先，他们去访问的是细菌国里的球菌先生。

拟人

用形象化的语言写出了球菌的外形特点。

球菌先生正坐在显微镜底下的玻璃片上面的一滴水里面。它，一丝不挂的光溜溜的细胞，坐在那里，动也不动，就对我的大脑细胞代表团说：

“这题目我对它一点印象都没有，因为我本身的细胞膜上面一根毛也没有，当我出现在地球上的空气中和土壤里面的时候，生物的伸缩运动还没有开始，因此，我对于这个问题是没有什么意见的。”

在另外一张玻璃片上，他们又去访问了杆菌先生的家庭。

杆菌先生的家里，人口众多，形形色色，无奇不有。有的细胞肚里藏着一颗十分坚实的芽孢，有的细胞身上披着一层油腻的脂肪衣服。最后我的大脑细胞代表团发现一群杆菌在水里游泳，露出一根一根胡须似的长毛。

排比

排比加比喻，很形象地介绍了杆菌家族的各种外形特点和活动特点。

他们就上前对这些有毛的杆菌说明了来意。

那些杆菌就说：

“我们细胞身上虽然长出不少的毛，它们的科学名词却是鞭毛，我们都是鞭毛细菌，纤毛细胞还是我们的后辈，你们要到动物细胞的世界里面去调查一下，才能明了真相呀。”

出了细菌国的边境，有两条水路，一条可以通到原生植物的国界；一条可以直达原生动物的国境。

这原生动物的国土上有四个大都市：第一个大都市是变形虫都市，第二个大都市是鞭毛虫都市，第三个大都市就是纤毛虫都市，还有一个大都市，那是胞子虫都市。

分类

分类说明加上生动的语言，读者很容易明白原生动物的基本类别。

变形虫和胞子虫的细胞身上都没有毛，鞭毛虫的细胞身上只有稀稀疏疏的几根鞭子似的长毛，只有那第三个大都市的居民才个个细胞身上生长着满身的纤毛，它们才是纤毛细胞真正的代表，也就是我的大脑细胞代表团所要访问的对象。

于是，他们就到纤毛细胞的都市里去采访这一篇科学小品的材料。

他们走进城里，看见那些细胞民众都在舞动着它们的纤毛，有的在走路，有的在吸取食物，有的在呼吸新鲜的空气。

拟人

写出了纤毛细胞的各种生活状态，通俗易懂。

他们看见它们那些纤毛摇动的形式各有不同，有的

读书笔记

是钩来钩去的，有的是摇摇摆摆的，有的像大海中的波浪，有的像漏斗，但是它们的劳动都是许多纤毛集合在一起劳动的，它们是有统一运动方向的。

当时，它们的发言人对我大脑细胞代表团说：

“我们这一群纤毛细胞，世世代代都是住宿在这样的水面，有时也曾到其他动物身上去旅行，你们人类的大小肠就是我们的富丽堂皇的旅馆，而我们的国家则是这水界天下。”

“当我们出外游行的时候，我们常看到许多动物体内都有和我们一模一样的纤毛细胞。”

“你瞧，就是在你们人类的身体上，就有许多地方生长着和我们同样的纤毛细胞。”

排比

将纤毛细胞在人体内的分布之广及作用之大都展示了出来，增强了文章气势。

“像在你们的鼻房里，你们的咽喉关里，你们的气管道上，你们的支气管道上，你们的泪管道上，你们的泪房里，你们的生殖道上，你们的尿道上，你们的输卵管道上，你们的输精管道上，甚至你们的耳道上，甚至你们的脑房里，和脊髓道上，都有纤毛细胞在守卫着，像守卫着国土一样。”

“它们的工作是输送外物出境，从卵巢到子宫，卵的输送，和从子宫到输卵管，精虫的护送，也是它们的责任呀。”

“它们这些纤毛细胞身上的纤毛，虽然是非常的渺

小，但是由于它们的劳动是集体的合作，由于它们的方向是一致的，所以它们能够肩负起很重的担子，根据某生理学家的估计，在每一平方公寸的面积上面，它们能够举起336克重的东西。”

“这些纤毛细胞们还有一个最大的特色，那就是它们都是人体上的自由人民，它们的劳动是自立的，不受大脑的指挥，不受神经的管制。就是把它们和人体分离出来，它们还能够暂时维持它们纤毛的活动。”

“但是好像处在反动统治时期高物价的压迫下，人民受尽了饥饿的苦难，这些纤毛细胞在高温度的压迫下，它们的纤毛也会变成僵硬而失去了作用。”

“正如在反动统治的环境里面，许多人民不能生活下去，这些纤毛细胞在强度酸性的环境里面，也不能生存下去。”

我的大脑细胞代表团听完了这段话，就决定写一篇关于纤毛细胞的报告，并且把它的题目定做：“民主的纤毛细胞”。

列数字

用具体的数字说明了看似纤弱的纤毛所能承担的力量。

类比

纤毛细胞在酸性环境不能生存，借此抨击当时社会的反动统治。

感想

将一个深奥的科学知识通过代表团访问的形式呈现出来，构思多巧妙啊！

我的笔记

1. 杆菌先生家里的菌众是什么样的？
2. 原生动物的国土上有哪四个大都市？
3. 人体的哪些部位生长着纤毛细胞？

我的收获

佳句欣赏

他们看见它们那些纤毛摇动的形式各有不同，有的是钩来钩去的，有的是摇摇摆摆的，有的像大海中的波浪，有的像漏斗，但是它们的劳动都是许多纤毛集合在一起劳动的，他们是有统一运动方向的。

灰尘的旅行

文前小问号

我们周围的空气，从室内到室外，从城市到郊野，从平地到高山，从沙漠到海洋，几乎处处都有灰尘的行踪。灰尘是从哪来的呢？它对人类的生活又有哪些危害呢？

灰尘是地球上永不疲倦的旅行者，它随着空气的动荡而飘流。

拟人　开篇入题，用拟人的方法娓娓道来，引出下文。

我们周围的空气，从室内到室外，从城市到郊野，从平地到高山，从沙漠到海洋，几乎处处都有它的行踪。真正没有灰尘的空间，只有在实验室里才能制造出来。

在晴朗的天空下，灰尘是看不见的，只有在太阳的光线从百叶窗的隙缝里射进黑暗的房间的时候，可以清楚

地看到无数的灰尘在空中飘舞。大的灰尘肉眼固然也可以看得见，小的灰尘比细菌还小，就用显微镜也观察不到。

列数字

用数字准确地表达了灰尘数量的多少。通过对比，读者感觉一目了然。

根据科学家测验的结果，在干燥的日子里，城市街道上的空气，每一立方厘米大约有10万粒以上的灰尘；在海洋上空的空气里，每一立方厘米大约有1000多粒灰尘；在旷野和高山的空气里，每一立方厘米只有几十粒灰尘；在住宅区的空气里，灰尘要多得多。

这样多的灰尘在空中游荡着，对于气象的变化发生了不小的影响。原来灰尘还是制造云雾和雨点的小工程师，它们会帮助空气中的水分凝结成云雾和雨点，没有它们，就没有白云在天空遨游，也没有大雨和小雨了。没有它们，在夏天，强烈的日光将直接照射在大地上，使气温不能降低。这是灰尘在自然界的功用。

在宁静的空气里，灰尘开始以不同的速度下落，这样，过了许多日子，就在屋顶上、门窗上、书架上、桌面上和地板上，铺上了一层灰尘。这些灰尘，又会因空气的动荡而上升，风把它们吹送到遥远的地方去。

举例子

举例子和数字对比，让读者充分感受到灰尘真是一个不知疲倦的旅行者啊！

1883年，在印度尼西亚的一个岛上，有一座叫做克拉卡托的火山爆发了。在喷发的时候，岛的大部分被炸掉了，最细的火山灰尘上升到8万米——比珠穆朗玛峰还高八倍的高空，周游了全世界，而且还停留在高空一年多。这是灰尘最高最远的一次旅行了。

如果我们追问一下，灰尘都是从什么地方来的？到底是些什么东西呢？我们可以得到下面一系列的答案：有的是来自山地的岩石的碎屑，有的是来自田野的干燥土末，有的是来自海面的由浪花蒸发后生成的食盐粉末，有的是来自上面所说的火山灰，还有的是来自星际空间的宇宙尘。这些都是天然的灰尘。

排比

通过系列排比，读者充分感受到来自天然的灰尘。

还有人工的灰尘，主要是来自烟囱的烟尘，此外还有水泥厂、冶金厂、化学工厂、陶瓷厂、锯木厂、纺织工厂、呢绒工厂、面粉工厂等，这些工厂都是灰尘的制造所。

除了这些无机的灰尘而外，还有有机的灰尘。有机的灰尘来自生物的家乡。有的来自植物之家，如花粉、棉絮、柳絮、种子、孢芽等，还有各种细菌和病毒。有的来自动物之家，如皮屑、毛发、鸟羽、蝉翼、虫卵、蛹壳等，还有人畜的粪便。

举例子

介绍了我们生活中的灰尘都来自于哪里。

有许多种灰尘对于人类的生活是有危害性的。自从有机物参加到灰尘的队伍以来，这种危害性就更加严重了。

灰尘的旅行，对于人类的生活有什么危害性呢？

它们不但把我们的空气弄脏，还会弄脏我们的房屋、墙壁、家具、衣服以及手上和脸上的皮肤。它们落到车床内部，会使机器的光滑部分磨坏；它们停留在汽缸里面，会使内燃机的活塞发生阻碍；它们还会毁坏我

排比

强调了灰尘的危害，同时指出了灰尘对人类健康的影响。

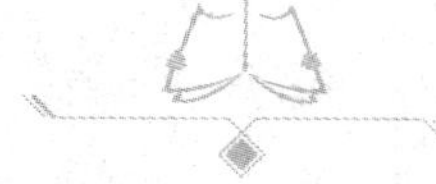

们的工业成品，把它们变成废品。这些还是小事。灰尘里面还夹杂着病菌和病毒，它们是我们健康的最危险的敌人。

灰尘是呼吸道的破坏者，它们会使鼻孔不通、气管发炎、肺部受伤，而引起伤风、流行性感冒、肺炎等传染病。如果在灰尘里边混进了结核菌，那就更危险了。所以必须禁止随地吐痰。此外，金属的灰尘特别是铅，会使人中毒；石灰和水泥的灰尘，会损害我们的肺，又会腐蚀我们的皮肤。花粉的灰尘会使人发生哮喘病。在这些情况之下，为了抵抗灰尘的进攻，我们必须戴上面具或口罩。最后，灰尘还会引起爆炸，这是严重的事故，必须加以防止。

因此，灰尘必须受人类的监督，不能让它们乱飞乱窜。

我们要把马路铺上柏油，让喷水汽车喷洒街道，把城市和工业区变成花园，让每一个工厂都有通风设备和吸尘设备，让一切生产过程和工人都受到严格的保护。

近年来，科学家已发明了用高压电流来捕捉灰尘的办法。人类正在努力控制灰尘的旅行，使它们不再成为人类的祸害，而为人类的利益服务。

1956 年 10 月

读书笔记

感想

灰尘必须受人类的监督，不能让它们乱飞乱窜。人类正在研究控制灰尘的各种办法，使之更好地为人类服务。

延伸思考

我的笔记

1. 城市街道上的空气，第一立方厘米大约有多少灰尘？

2. 什么是制造云雾和雨点的小工程师？

3. 灰尘都是从什么地方来的呢？

我的收获

佳句欣赏

在宁静的空气里，灰尘开始以不同的速度下落，这样，过了许多日子，就在屋顶上、门窗上、书架上、桌面上和地板上，铺上了一层灰尘。这些灰尘，又会因空气的动荡而上升，风把它们吹送到遥远的地方去。

从历史的窗口看技术革命

？文前小问号

人类度过了茹毛饮血的时代，开始利用火、利用风，借助自然来改善自己的生活。随着人类征服自然的成功，人类都有哪些重大发明呢？

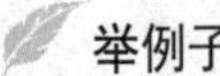

举例子

开篇从北京猿人用火引入，说明火是人类征服自然的开端。

大约在四五十万年以前，我们的祖先北京猿人就开始用火了。不过，他们用的还是野火。

火的发明，是人类征服自然的开端。火不但给黑夜带来了光明，给寒冷带来了温暖；人们还利用它来驱赶野兽，把生肉烤成熟肉吃。

这时候，人们还制造了一些粗笨的劳动工具，如石刀、石斧等。

这是石器时代。

这之后，人们学会了钻木取火，又逐渐学会了烧制陶器、冶炼金属。

于是就有了铜器和铁器的出现。

这些石器、铜器和铁器都是极简单的劳动工具，他们要靠双手的力气来和自然作斗争，如打猎、打铁、耕田、锄地、搬东西等都是。

这还谈不上什么技术。

人们不能满足于只靠一双手使用工具和自然斗争。

在寻找劳动助手的时候，他们首先利用了畜力。

大约在二千五六百年前，我国历史上所说的春秋时代，就使用马拉车、牛拉铁犁耕田了。

后来又渐渐学会了利用水力和风力。

大约在一千六七百年前，我国历史上所说的东汉末年，就发明了水力机和风力机。

当时东方的古国如埃及等，也有了这些东西。

水力机和风力机都能带动别的工具和机器工作。

这是技术的萌芽时代。

大约一千多年前，水力机和风力机从东方传到了欧洲，大受欧洲人的欢迎。他们逐步地加以改良。到了18世纪，英国人和俄国人都能制造相当精巧的水力机，并且用它们来转动工厂里的机器。

后来，工业技术继续发展，机器的花样越来越多，

感想

人类在漫长的进化与发展中，逐渐利用自然，人的进化是一件伟大而神奇的事。

感想

按照历史的发展，人们首先学会利用畜力，后来又渐渐学会利用水力和风力，说明人类利用自然的技术在一步步提高。这是技术的萌芽时代。

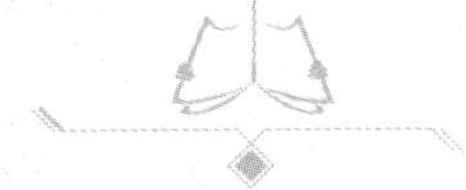

不能光靠水力和风力来发动了。

于是就有人想起了利用蒸汽。

蒸汽的力量非常强大，一锅水沸腾起来，全部变成水蒸气，可以变成一千六百锅。

举例子

通过蒸汽产生的过程，读者了解了蒸汽机的工作原理，也了解到蒸汽机的出现将是一个技术革命的新时代。

假如把一锅水关闭在一个密封的器具里，让它变成水蒸气，通过导管进入汽缸，就会冲动汽缸里的活塞，使它来回移动，这样就能带动各种机器工作。

这就是蒸汽机。

蒸汽机是在1774年由苏格兰的机械师瓦特最后制造成功的。

在他以前，曾有许多发明家对于蒸汽机的构造都有过贡献。

感想

随着蒸汽机的发明，工作大生产时代开始了。人类的工业化向前跨越了一大步。

俄国的发明家波尔祖诺夫，就在1765年制成第一架完全可以适用工厂生产的蒸汽机。可是，没有引起沙皇政府的重视，不幸被埋没了。

蒸汽机的发明，是大生产时代的开始。从此，工厂林立，铁路纵横，世界面貌为之一新。

疑问

改造旧机器，发明新机器，这就是技术革命的动力和源泉。

但是呀，蒸汽机的锅炉又大又笨重，有些地方用起来很不方便。

于是又有人在想：能不能把燃料直接放在汽缸里燃烧呢？

他们看到炮弹躺在大炮的胸膛里，点起引线，就会

爆炸发射出去，飞得很远很远。

他们就得到了启发。为什么不能把汽缸当作大炮？拿活塞代替炮弹。

于是就发明了内燃机。

内燃机不用笨重的煤炭作燃料，而是用煤气或是汽油和柴油所挥发出来的气体。

随着内燃机的发明，汽车、飞机、坦克车和拖拉机等也都创造出来了。

内燃机对于人类的贡献不算小。从前用旧式犁需要耕一天的地，现在用拖拉机几分钟就耕好了；从前步行需要十天左右的路程，现在乘飞机个把钟头就可以飞到了。

对比

内燃机的发明推动了社会的进步，通过对比大家可以直观感觉到。

轮船、火车、汽车、坦克车、拖拉机、飞机等都得用钢铁来制造，所以人们又把我们现在所处的这个时代叫做钢的时代。

电和火一样，早就引起人们的注意了。直到 16 世纪，人们对于电的现象，才开始有了正确的认识。

1760 年，科学家发明了避雷针之后，人们就积极想办法用人工的方法制造电。

有许多科学家，如意大利的加伐尼和伏打、俄国的彼得罗夫、法国的安培等，他们对于电流的研究都有不少的贡献。而以英国的一个铁匠的儿子叫做法拉第，为

举例子

举例说明人们在创造与发明过程中一次次的进步。

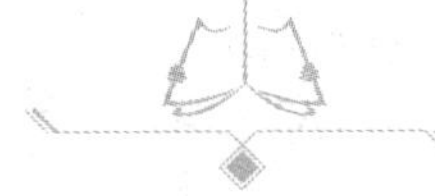

研究电流最有成绩的一人，他在 1831 年，发明了电动机和发电机。

电动机能转动机器，发电机能发出电流。

于是电报、电话、电灯、电车等都相继发明了。

对比

电动机和发电机相比内燃机又是一个进步，现在我们通常称那个时代为电气时代。

现在许多地方都有发电站，人们利用火力、水力、风力和其他一切自然力都可以发电。这比内燃机更方便得多了。

19 世纪末，人们又发明了无线电。人们利用无线电波通过空间来传播声音和映象；来远距离控制和操纵机器。

于是无线电报、无线电话、无线电广播、电视和雷达等都陆续出现了。世界科学技术又迈进了一大步。

列数字

通过对比和数字说明，我们可以直观感受到原子能的巨大威力。

三十多年前，人类又掌握了一种新的巨大的自然力量——原子能，这是原子核分裂的时候所放出的大量的能。它比火力要强大一百万倍到一千万倍。一公斤铀块，所放出来的原子能就等于烧掉二三千吨煤。

如果把原子能用到工农业生产和交通运输上，一定会引起技术上更大的革命。这在苏联已经由幻想变成事实了。这样地，从石器、铜器、铁器到钢；从手工具、半机械化、机械化到自动化；从火的发明到蒸汽机、内燃机、电动机和原子能的出现，技术的发展走过一段漫长的路程，但是人类终于依靠自己的劳动，逐步地提高

了物质和文化生活的水平。

最近，人造地球卫星发射成功，是人类和自然斗争的又一次空前伟大的胜利。科学技术越来越发达，人类的前途越来越光明。

1958 年 6 月

感想

通过对历次技术革命总结，再次肯定了技术发展对人类的巨大贡献。

延伸思考

1. 什么的发明是人类征服自然的开端?

2. 在寻找劳动助手的时候，人类先后学会了利用什么?

3.1774 年，英国苏格兰工人谁发明了蒸汽机?

我的笔记

我的收获

佳句欣赏

最近，人类人造地球卫星发射成功，是人类和自然斗争的又一次空前伟大的胜利。科学技术越来越发达，人类的前途越来越光明。

土壤世界

文前小问号

土壤是庄稼最好的朋友，它能让我们生产粮食、棉花、蔬菜、水果等生活原料，它也能改变气候。它与我们的生活息息相关，那么土壤是怎么形成的呢？

土壤——绿色植物的工厂

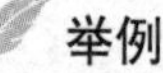

举例

先抑后扬。一般人都不重视土壤，但土壤应该和阳光、空气、水一样受到重视。

在一般人的心目中，土壤没有受到应有的重视。有些人认为：土壤就是肮脏的泥土，它是死气沉沉的东西，静伏在我们的脚下不动，并且和一切腐败的物质同流合污。

这种轻视土壤的思想，是和轻视劳动的态度连在一起的。这是对于土壤极大的诬蔑。

在我们劳动人民的眼光里，土壤是庄稼最好的朋友。要使庄稼长得好，要多打粮食，就得在土壤身上多下点功夫。

要知道，土壤和阳光、空气、水一样，都是生命的源泉。“万物土中生”，这是我国一句老话。苏联作家伊林，也曾把土壤叫做“奇异的仓库”。

引用

引用古语和苏联作家的话，再次说明土壤的重要。

不错，土壤的确是生产的能手，它对于人类生活的贡献非常大。我们的衣、食、住、行和其他生活资料都靠它供应。它给我们生产粮食、棉花、蔬菜、水果、饲料、木材和工业原料。

老实说，没有土壤我们就不能生存。

因此，我们要很好地去认识土壤，了解它，爱护它。

土壤是制造绿色植物的工厂，它对于植物的生活负有大部分的责任，它是植物水分和养料的供应者。

比喻

把土壤比作绿色植物的工厂，生动具体地说明了土壤对植物的重要性。

纯粹的泥土，没有水分和养料的泥土，不能叫做土壤。土壤这个概念，是和它的肥力分不开的。

肥力就是生长植物的能力，就是水分和养料。这些水分和养料，被植物的根系吸取，通过叶绿素的光合作用，在阳光照耀之下，它们会同空气中的二氧化碳，变成植物的有机质。

下定义

这是说明文中常见的一种说明方法。读者可以学会如何判断。

能生长植物的泥土，就叫做土壤。这是苏联伟大的

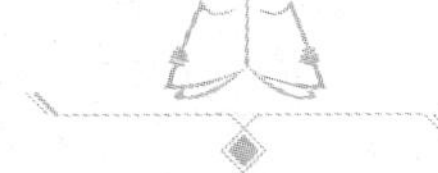

读书笔记

土壤学家威廉士给土壤所下的科学定义。他说：“当我们谈到土壤时，应该把它理解为地球上陆地的松软表面地层，能够生长植物的表层。”

肥沃性是土壤的特点，它随着环境条件的改变经常不断地发生着变化。

有的土壤肥沃，有的土壤贫瘠。

肥沃的土壤是丰收的保证；贫瘠的土壤给我们带来不幸的歉年。

土壤一旦失去肥力，不能生长植物，就变成毫无价值的泥土而不再是土壤了。

土壤是大试验室、大工厂、大战场。在这儿，经常不断地进行着物理、化学和生物学的变化；在这儿，昼夜不息地进行着破坏和建设两大工程；在这儿，也进行着生和死的搏斗、生物和非生物的大混战，情况非常热烈而紧张。

排比

通过列举和排比，读者充分感受到土壤战场上的热烈和紧张。

在参加作战的行列中，有矿物部队，如各种无机盐；有植物部队，如枯草和落叶，和各种植物的根；有动物部队，如蚂蚁、蚯蚓和各种昆虫以及腐烂的尸体；有微生物部队，如原虫、藻类、真菌、放线菌和鼎鼎大名的细菌等。此外，还有水的部队和空气部队。所以有人说：“土壤是死自然和活自然的统一体。”这句话真不错。

自从人类进入这个大战场之后，人就变成决定土壤

命运的主人。

人类向土壤进行一系列的有计划的战斗，例如耕作、灌溉、施肥和合理轮作等。于是，土壤开始为农业生产服务，不能不听人的指挥，服从人的意志了。这样，土壤就变成了人类劳动的产物，为人类造福。

土壤是怎样形成的?

大约几万万年以前，当地球还是非常年轻的时候，地面上尽是高山和岩石，既没有平地，也没有泥土。大地上是一片寂寞荒凉的景象，毫无生命的气息。

设问

通过提问引导读者一步步思考下去。

白天，烈日当空，石头被晒得又热又烫；晚上，受着寒气的袭击，骤然变冷。夏天和冬天相差得更厉害。几千万年过去了，这一热一冷，一胀一缩，终于使石头产生了裂缝。

感想

用白天和黑夜做对比，用夏天和冬天做对比，写出了石头在反差之中裂缝的原因。

有的时候，阴云密布、大雨滂沱，雨水冲进了石头裂缝里面，有一部分石头就被溶解。

到了寒冷的季节，水凝结成冰，冰的体积比水的体积大，更容易把石头胀破。

狂风吹起来了，像疯子一样，吹得飞沙走石；连大石头都摇动了。

还有冰川的作用，也给石头施上很大的压力，使它

们破碎。

就是这样：风吹、雨打、太阳晒和冰川的作用，几千万年过去了，石头从山上滚落下来，大石块变成小石块，小石块变成石子，石子变成沙子，沙子变成泥土。

这些沙子和泥土，被大水冲刷下来，慢慢地沉积在山谷里，日子久了，山谷就变成平地。从此，漫山遍野都是泥土。这是风化过程。

但是呀！泥土还不是土壤，泥土只是制作土壤的原料。要泥土变成土壤，还得经过生物界的劳动。

感想

泥土经过生物界的劳动才能变成土壤。

首先，是微生物的劳动。

微生物是第一批土壤的劳动者。在生命开始那一天，它们就参加建设土壤的工作了。微生物是极小极小的生物，它们的代表是原虫、藻类、真菌、放线菌和鼎鼎大名的细菌。

作诠释

这是说明文中常见的一种方法。读者可以清晰地知道什么是微生物。

这些微生物繁殖力非常强，只要有一点点水分和养料，就会迅速地繁殖起来。它们对于养料的要求并不高，有的时候有点硫黄或铁粉就可以充饥；有的时候能吸取到空气中的氮也可以养活自己，于是泥土里就有了氮的化合物的成分。同时，泥土也变得疏松了些。这是泥土变成土壤的第一步。

但是，微生物的身子很小，它们的能力究竟有限，不能改变泥土的整个面貌，只能为比它们大一点的生物

铺平生活的道路。经过若干年以后，另外一种比较高级的生物——像地衣之类的东西——就在泥土里出现了。它们的生活条件稍微高一点，它们死后，泥土里的有机质和腐殖质的成分又多了一些，泥土也变得更肥沃一些。

举例子

泥土变土壤需要漫长的过程，需要依靠生物的一步步进化带来新的有机质和腐殖质。

随着生物的进化，苔藓类和羊齿类的植物相继出现了。

每一次更高一级的生物的出现，都给泥土带来了新的有机质和腐殖质的内容。

这样，慢慢地，一步一步地，泥土就变成了土壤。

如果没有生物界的劳动，泥土变成土壤，是不能想象的。

读书笔记

不过，在不同的地方，不同的泥土、不同的气候、不同的地形和不同的生物，都会影响土壤的性质。

对于植物的生活来说，随着自然的发展，有时候土壤会变得更加肥沃；有时候土壤也会变得贫瘠。

农民带着锄头和犁耙来同土壤打交道，要它们生产什么，就生产什么；要它们生产多少，就生产多少。在人的管理下，土壤不断地向前革命。

在我们社会主义国家里，土壤的情绪是非常饱满而乐观的，它们都以忘我的劳动为农业生产服务。

什么决定土壤的性质?

土壤的种类繁多，名称不一，有什么黑钙土、栗钙土、红壤、黄壤之类奇异的名称。这些不同名称的土壤，各有不同的性质，有的非常肥沃，有的十分贫瘠。

分类

通过细致地分类，详细解读了决定土壤性质的因素。

决定土壤性质的有五种因素，这些就是：母质、气候、地形、生物和土壤年龄。

第一谈谈母质。

拟人

很形象地表明了母质、土壤和岩石之间的关系。

母质又叫做生土，它们是土壤的父母，岩石的儿女。土壤都是由母质变来的，母质又都是从岩石变来的。

地球上岩石的种类也很多：有白色的石英岩；有灰色的石灰岩；有斑斑点点的花岗岩；有一片一片的云母岩；等等。这些不同的岩石，是由不同的矿物组成的。不同的矿物具有不同的性质，有的容易分解和溶解，有的比较难，它们的化学成分也不相同。

举例子

通过举例和对比，读者很直观地了解了土壤质量好坏的原因。

母质既然是岩石的儿女，它们的化学成分既受岩石的影响，又转过来影响土壤质量的好坏。例如：母质所含的碳酸盐越多，土壤也就越肥沃；相反，如果碳酸盐缺少，土壤就变得贫瘠。

母质——土壤的父母，它们的密度、多孔性和导热性也影响土壤的性质。如果母质疏松多孔又容易导热，就能使土壤里有充分的空气和水分，那么土壤的肥沃性

就有了保证。

第二谈气候。

不同的地区，有不同的气候。风、湿度、蒸发的作用、温度和雨量，都是气候的要素，它们都会影响土壤的性质。其中以温度和雨量的作用更为显著。温度越高，土壤里的物理、化学和生物学的变化就进行得越快；温度越低就进行得越慢。雨量越多，土壤里淋洗的作用就越强，很多的无机盐和腐殖质就会被带走。雨量越少，土壤就会变得越干燥，淋洗作用也减弱。

对比

温度是读者都很容易感受到的，所以作者简单明了地用对比的方法介绍了温度和雨量的作用。

第三谈地形。

地形的不同，对于土壤的性质也有很大影响。这是由于气候和地形的关系很密切，往往由于一山之隔，山前山后，山上山下的气候都不相同。一般说来：地势越高，气候越冷；地势越低，气候越热；背阴的地方冷，向阳的地方热。如果是斜坡，土壤容易滑下来，土层就不厚；如果是洼地，土粒就很容易聚集起来，土层就堆得厚。地势越高，地下水越深；地势越低，地下水离地面越近。

所以，地形的不同，影响了土壤的性质，使有些地方植物生长得很好，有些地方植物生长得不好。

感想

总结了地形也是影响土壤性质，影响植物生长的重要因素之一。

第四谈生物。

生物界对于土壤的影响是很大的，它们的行列中有植物、动物和微生物。

分类

通过对植物、动物和微生物这三种生物的叙述，读者可以清楚地了解到生物界对土壤的重要影响。

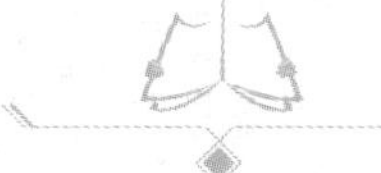

植物是土壤养料的蓄积者，它们的遗体留在土中，可以增加土壤有机质和腐殖质的成分，以供微生物活动的需要。植物的根还会分泌带有酸性的化合物，可以使土壤中难于分解的矿物质得到分解。

植物的覆盖，可以改变气候，就会使土壤的性质发生变化。例如：森林能缓和风力，积蓄雨水和雪水，润湿空气，减少土壤的蒸发。

字词释义

蒸发：液体表面缓慢地转化成气体。

动物中如蚯蚓、蚂蚁和各种昆虫的幼虫，也都是土壤的建设者，它们在土壤里窜来窜去，经过它们的活动，就会使土粒松软。

微生物对于土壤的性质影响更大。微生物的代表有原虫、藻类、真菌、放线菌和细菌，它们一面破坏复杂的有机物，一面建设简单的无机盐，促进了土壤的变化，使植物能得到更多的养料。它们之中，以细菌最为活跃，细菌不但是空气中氮素的固定者，它们还经常和豆科植物合作，把更多的氮素固定起来，使土壤肥沃，就是它们死后的残体也变成了植物的养料。

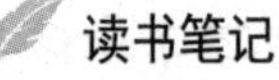

读书笔记

第五谈土壤年龄。

土壤的年龄有大有小。土壤从它的出现到现在，一直都在变化和发展。它由一种土壤变成另一种不同的土壤，因而土壤的年龄和它的性质是有关系的。土壤越老，它的内容越复杂。

以上五种因素，对于土壤的性质都有影响。但是，它们都可以由人类来控制。人类向大自然进军的目的，就是要改变土壤的性质，用人的劳动来控制土壤发展的方向，使它能更好地为农业生产服务。

1 土壤对于人类生活的贡献是什么？

2. 泥土是怎样变成土壤的？

3. 决定土壤性质的五种因素是什么？

我的收获

佳句欣赏

有的时候，阴云密布、大雨滂沱，雨水冲进了石头裂缝里面，有一部分石头就被溶解。

狂风吹起来了，像疯子一样，吹得飞沙走石；连大石头都摇动了。

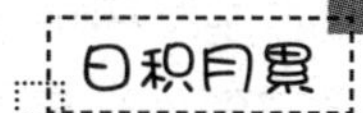

同流合污　阴云密布　大雨滂沱

感想

结尾总结点题，明确了我们人类要研究和利用好土壤的目标。

我的笔记

水的改造

人的生存离不开水，饮用水的质量对人的健康特别重要，那么用什么方法可以获得优质的水呢?

水，在它的漫长旅途中，走过曲折蜿蜒的道路，它和外界环境的关系是错综复杂的，因而水里时常含有各种杂质，杂质越多水就越污浊，杂质越少水就越清净。

感想

这句话明确了什么是最纯洁的水，自然界的水是要经过处理才能为我们广泛应用。

纯洁毫无杂质的水，在自然界中是没有的，只有人工制造的蒸馏水，才是最纯洁的水。蒸馏的方法是：把水煮开，让水蒸气通过冷凝管重新变成水，再收留在无菌的瓶罐中，这样，所有的杂质都清除了。蒸馏水在化学上的用途很广，化学家离不开它；在医院里、在药房里、在大轮船上，它也有广泛的应用。

水里面所含的杂质如果混有病菌或病原虫，特别是伤寒、霍乱、痢疾之类的病菌，那就十分危险了。所以没有经过消毒的水，再渴也不要喝。

感想

病从口入，一定要注意饮水卫生。

为了保证居民的饮水卫生，水的检查就成为现代公共卫生的一项重要措施。在大城市里，水每天都要受到化学和细菌学的检验，这是非常必要的。在农村里，井水和泉水最好也能每隔几个月检验一次。

水经过检验以后，还必须进行一系列的清洁处理。我们的水源有时混进粪污和垃圾，这就是危险的根源。

一般说来，上游的水比下游的水干净，井、泉的水比江、河的水干净，雨水又比地面的水干净。

对比

教给读者判别水的干净度的方法。

江河的水都是拖泥带沙，十分混浊，所以第一步要先把水引进蓄水池或水库里聚集起来，让它在那儿停留几个星期到几个月之久，使那些泥沙都沉积到水底，水里的细菌就会大大地减少。

但是，总免不了有一些微小的污浊物沉不下去，这就需要用凝固和过滤的方法，把它们清除掉。

感想

这句话叙述了让水更干净的办法，就是凝固和过滤。引出下文的分类介绍。

凝固的方法：把明矾或氨投在水中，所有不沉的杂质都会凝结成胶状的东西被清除出去。

过滤的方法：强迫污浊的水通过沙滤变成清水。这样做，有百分之九十的细菌都被拦住。

至于还有一些漏网的细菌，那就必须进一步想办法

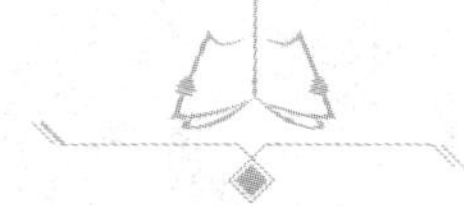

加以扑灭。

这就是空气澄清法和氯气消毒法。

空气澄清法，就是把水喷到空中，让日光和空气把它澄清。

作诠释

氯气消毒是我们常用的方法，所以作者做了详细介绍，给读者科普了一下。

氯气消毒法，就是用氯气来消毒水。氯气是一种绿黄色的气体，化学家用冷却和压缩的方法把它制成液体。氯气有毒，但是，一百万份水里加进四五份液体氯，对于人体和其他动物是无害的，而细菌却被完全消灭了。

氯气在水里有气味，有些人喝不惯这样的水。近来有人提倡用紫外光线来杀菌，这样，水就没有气味了。

有时候，水的气味不好，是水中有某种藻类繁殖的结果。在这种情形下，我们可以在水里稍许加些硫酸铜，就能把藻类杀尽。硫酸铜这种蓝色的药品，对于人类也是很有毒的，但是在 3000 吨水里，只加 5 公斤硫酸铜，那就没问题。

列数字

通过数字解释说明如何净化水更有效、更安全。

为了消灭水里的气味，又有人用活性炭，它能把水里的气味全部吸收，而且很容易除掉。

经过清洁处理的水，是怎样输送到各用户手里去的呢？它必须通过大大小小的水管，经过长途的旅行，然后才能到达每一个机关、工厂和住宅，人们把水龙头拧开，水就淙淙地奔流出来了。

由于地心引力的影响，水都是从高处流向低处的，

所以蓄水池和水库必须建筑在高地上，如果用井水和泉水做水源，那就必须用抽水机把水抽送到水塔里去，水塔一定要高过附近所有的建筑物，才能保证最高一层楼的人都有水用。

1959 年 3 月

延伸思考

我的笔记

1. 水的杂质里如果有什么就会对人类造成危险了？

2. 水里面有一些微小的污浊物用什么方法把它们清除掉？

3. 污浊的水通过沙滤变成清水后，还要用什么方法消灭漏网的细菌？

我的收获

日积月累

曲折蜿蜒　错综复杂

血的冷暖

?文前小问号

“冷血动物”通过寻找凉爽或温暖的环境来改变自己的体温，而不能直接控制自己的体温。“暖血动物”是体温不因外界环境温度而改变，始终保持相对稳定的动物。血的冷暖会对它们的生活有影响吗？

设问

开篇抛出问题，引起读者思考和兴趣，也更好地吸引读者进一步读下去。

在动物世界里，有冷血和暖血动物[1]之分，这种区别究竟在哪里呢？

为了回答这个问题，得先追查一下，动物身上的热气是从什么地方发生出来的。

有些人认为：热大半都是由摩擦而发生；动物身上

① 暖血动物：又称恒温动物，包括人类等哺乳类动物都属恒温动物。

的热气，也是血液和血管之间的摩擦而产生的。

这种说法，一直到18世纪末叶，还盘踞在人们的脑子里。

直到氧发现后不久，法国化学家拉瓦锡才指出：动物的热气，也是一种燃烧或氧化作用。他以为：生理上氧化作用的地点是在肺部，血液一到了肺部，它所含有的碳水化合物就和吸进去的氧化合，产生了水和二氧化碳，同时放出了大量的热。

后来，根据生理学者的实验又证明了：体热的发生，应当归功于全身血液，不仅限于肺。

又经过多年地争论，科学界才一致公认：体热也不是单单从血液里产生，而是由全体细胞负责。氧运到了各细胞里，才开始氧化而产生热。血液所担任的只是运输和分配的工作，由于它的循环流动，就能把过剩的热送到过冷的部位去，互相调整。

作诠释

经过科学家们一次次的研究实验，现在我们已经得知了体热产生的原因，作者详细的为读者进行了科普。

除了生病发烧以外，动物的身体都能经常保持一定的温度。这是由于它们的体内有一种管束体温的机能。

以上的结论，是由观察暖血动物而得来的。至于冷血动物呢？它为什么有这样的称呼呢？是不是因为它的身体都是冷冰冰的，就没有一丝热气呢？

设问

连续的问句，很好地起到了承上启下的作用。

一般说来，动物的血液所以有冷暖之分，是根据它们的体温和外界空气的比较而定。那么，人和鸟兽之类

读书笔记

作比较

作比较很容易让读者记住他们之间区别，主要是氧化力量和管束体温的机能。

的动物，号称暖血，是不是它们的血液比空气热呢？爬虫、青蛙和鱼之类的动物，号称冷血，是不是它们的血液比空气冷呢？

事情不是这样简单。

暖血动物的体温，不受环境的影响，不论是在夏天还是在冬天，不论四周空气是比身体热还是冷，它们的体温都不会发生什么变化。所以暖血动物不如叫做有恒体温的动物。

冷血动物的体温就有伸缩性了。在冬天，它们的体温常常是低的，低到和四周的空气或水相近；在夏天，环境的温度加高，它们的体温也随着上升。它们在冷的环境中，才变成冷血了，所以还不如叫做无恒体温的动物。

暖血动物能维持一定的体温，是由于它们氧化的力量很强盛，而且具有管束体温的机能。

冷血动物的氧化力量薄弱，又没有管束体温的机能，即使有，也不十分发达。

还有冬眠动物，它们的体温介于暖血和冷血之间，也具有管束体温的机能，在平常的日子里，都能维持一定的体温，但遇到极冷的时候，它们就不能支持了。所以在冬眠期间，它们的体温几乎和周围的空气一样。

勤劳的蜜蜂过着集体生活，它的蜂群有时候被称做

昆虫中的暖血者，这是由于它们的辛勤劳动产生了热气，能调节和维持蜂巢内的温度。

恶毒的蛇，是爬虫类的后代，它们的体温有时比环境只高出 2 ~ 8℃。有的爬虫也略具有管束体温的机能，可以防止体温升得太高。例如它们一到了太热的时候，就不得不喘气，喘气就是把肺里的水分蒸发了，于是热就消失不少。

总的说来，动物所以有暖血和冷血之分，是由于它们对于环境气候的反应存在着生理上的分歧。

1959 年 12 月

举例子

补充说明冷血动物中的蛇也略有管束体温的机能。

延伸思考

1. 动物身上的热气是从什么地方产生的？
2. 暖血动物为什么能维持一定的体温？
3. 蜜蜂为什么被称做昆虫中的暖血者？

我的收获

我的笔记

《灰尘的旅行》读后感

深圳市福田区实验教育集团侨香学校四（2）班 陈钰雅

一只顽皮的小细菌偷偷地藏在灰尘里，被风吹起，飘啊飘，最后飘到了我的城市。它从窗外爬上我的书桌，便开始了它的奇幻之旅——《灰尘的旅行》。

这本书讲述了细菌的来源和不同的细菌种类。读完这本书后，我明白了细菌主要来源于土壤，它们能够帮助大自然清理动植物遗体。作者高士其用幽默且生动的语言，解释了疾病如何出现，以及人类如何预防疾病。他像个侦探，帮助一些细菌洗清了“暗杀者”的罪名。作者引用了古话“民以食为天”，让我深刻感受到，任何生命都需要食物才能生存，细菌也不例外。

书中最让我印象深刻的是“肺港之役”。书中的细菌都有各自独特的名字。在这场战役中，有三种细菌：溶血链球菌、肺炎双球菌和流行性感冒杆菌。这些细菌喜爱哺乳动物的血液，当看见血液，就会迅速进入人或动物体内，狂吞大嚼红细胞。如果这种行为被白血球发现，就会引发一场激烈的追逐战。当人们的抵抗力下降时，皮肤上就可能长出疖子，那些其实就是细菌的营地。因此，我们要坚持锻炼，增强抵抗力，从小开始保护身体。

在整本书里，神秘的细菌时而是个淘气的孩子，时而是个血腥的杀手，时而是改良土壤的清洁工，有时则是陪伴我们走向生命终点的老朋友。

高士其爷爷希望人们增加对细菌的了解并理解其重要性，以降低全世界的悲剧发生，使我们的生命更有意义。世界广阔而浩渺，我们有了知识的力量，便不再感到恐惧。

《灰尘的旅行》读后感

读了高士其爷爷的《灰尘的旅行》，我对这微不足道的灰尘有了新的认识。原来，这灰尘虽然常常被我们忽视，却有着不可小觑的力量，它有着许多神奇的作用呢！

首先，灰尘是“空中旅行家”。它们无处不在，随着空气的流动而飘浮，从室内到室外，从城市到郊野，从平地到高山，从沙漠到海洋，几乎处处都有它们的身影。而且，真正没有灰尘的空间，只有在实验室里才能制造出来。这些灰尘在空中游荡着，对气象的变化产生了重要的影响。它们可以帮助空气中的水分凝结成云雾和雨点，没有它们就没有美丽的白云在天空中漫游，也没有大雨和小雨的降落。在夏天，强烈的日光会直接照射在大地上，使气温升高。但是，有了灰尘这个“小助手”，就可以降低气温，使人们感到凉爽舒适。

其次，灰尘也是“自然界的工程师”。虽然灰尘常常给我们的生活带来许多麻烦，比如弄脏我们的房子、毁坏我们的工业产品，甚至还会破坏我们的呼吸道，但是它也有许多神奇的作用。比如，在干旱地区，灰尘可以给地面覆盖一层保护膜，减少水分蒸发，保持土壤湿润。在寒冷的冬天，灰尘还可以帮助减少雪花的形成，减轻雪灾的影响。此外，灰尘还可以帮助减少紫外线的照射，保护我们免受阳光的伤害。

最后，通过阅读这本书，我还了解到了一些关于灰尘的新知识。比如，有些灰尘是由火山爆发产生的岩浆形成的，有些则是由海洋中的盐分结晶形成的。这些不同的来源使得灰尘具有了独特的性质和特点。

《灰尘的旅行》让我对灰尘有了更深入的了解和认识。虽然灰尘有时会给我们的生活带来麻烦和困扰，但是它们也在默默地为我们做出许多贡献。今后，我要更加关注身边的灰尘，了解它们的特点和作用，为保护我们的环境和健康做出自己的贡献。

《灰尘的旅行》读后感

大家好，今天我要跟大家分享一本非常有趣的科学书，名字叫作《灰尘的旅行》。这本书让我知道了很多关于灰尘的奇妙知识，让我感觉像是在进行一场神奇的旅行。

首先，我很好奇，灰尘也能旅行吗？我们平时看到的灰尘都是静静地待在空气中，它们怎么去旅行呢？这本书告诉我，灰尘其实是在不断旅行的。它们随着空气的动荡而飘动，随着风的方向向世界各地游走。真的就像书名说的那样，灰尘是永不疲倦的旅行者。

读了这本书，我了解到灰尘是非常微小的。它们比细菌还要小，我们用肉眼是看不到的。只有在阳光照进房间的时候，我们才能看到空气中飞舞的灰尘。它们就像一群快乐的小精灵，在空中欢快地跳舞。

而且，灰尘无处不在。它们出现在我们周围的每一个角落。高山、海洋、城市、郊野，甚至太空，都有它们的身影。它们就像奥特曼一样，勇往直前，无孔不入。

但是，灰尘并不都是对我们有益的。有些灰尘会危害我们的健康。它们会弄脏我们的房子、衣服、家具和皮肤，还会破坏我们的空气。有些灰尘甚至会让我们生病，比如感冒、肺炎等传染病。面对这些危害，我们要怎么办呢？

这本书告诉了我答案。我们要做好防护措施，比如戴上口罩、勤洗手、保持室内干净、空气流畅等。这样我们就可以减少灰尘对我们的危害了。

通过阅读这本书，我学到了很多关于灰尘的知识。我感到非常惊奇和兴奋。原来在我们身边，存在着这么多我们不知道的事物。我想这就是科学的魅力吧。通过阅读这本书，我对科学有了更深的了解和兴趣。我希望大家也可以读一读这本书，相信你也会和我一样感受到科学的奇妙之处。